U0347496

高等学校计算机基础教育教材精选

C语言程序设计案例教程

（第3版）

刘兆宏　温荷　王会　编著

清华大学出版社

北　京

内 容 简 介

这是一本面向广大初学者的 C 语言案例教材,全书共 10 章:第 1 章~第 3 章介绍程序设计与 C 语言的基础知识;第 4 章~第 8 章介绍数组、函数、指针、结构体与共用体、文件等重要内容;第 9 章~第 10 章分别采用指针、数组、单链表来开发"学生成绩管理系统",通过案例的分析实现培养初学者运用 C 语言开发中小型项目的能力。针对初学者和自学读者的特点,本书力求做到深入浅出,将复杂的概念用简洁的语言娓娓道来。全书以项目为主线,基础性和实用性并重。项目贯穿全书,通过对项目的实现和讲解,使读者逐步具备利用 C 语言来开发应用程序的能力。本书可作为高等院校学习 C 语言课程的教材或培训学校的教材,也可作为自学者的参考书。

图书在版编目(CIP)数据

C 语言程序设计案例教程/刘兆宏,温荷,王会编著 . —3 版. —北京: 清华大学出版社,2017
(高等学校计算机基础教育教材精选)
ISBN 978-7-302-47313-8

Ⅰ. ①C… Ⅱ. ①刘… ②温… ③王… Ⅲ. ①C 语言－程序设计－高等学校－教材 Ⅳ. ①TP312

中国版本图书馆 CIP 数据核字(2017)第 101904 号

责任编辑:谢　琛
封面设计:傅瑞学
责任校对:焦丽丽
责任印制:刘海龙

出版发行:清华大学出版社
网　　　址:http://www.tup.com.cn,http://www.wqbook.com
地　　　址:北京清华大学学研大厦 A 座　　　邮　编:100084
社 总 机:010-62770175　　　　　邮　购:010-62786544
投稿与读者服务:010-62776969,c-service@tup.tsinghua.edu.cn
质 量 反 馈:010-62772015,zhiliang@tup.tsinghua.edu.cn
课 件 下 载:http://www.tup.com.cn,010-62795954
印 装 者:保定市中画美凯印刷有限公司
经　　 销:全国新华书店
开　　本:185mm×260mm　　印　张:18.75　　字　数:432 千字
版　　次:2008 年 9 月第 1 版　　2017 年 6 月第 3 版　　印　次:2017 年 6 月第 1 次印刷
印　　数:1~2000
定　　价:39.50 元

产品编号:073431-01

前言

一、本书特色

这是一本面向广大初学者的 C 语言程序设计案例教材。本书的特色是深入浅出、案例丰富、项目导学、立体配套。

针对初学者和自学读者的特点,本书力求做到深入浅出,将复杂的概念用简洁的语言娓娓道来。

全书以项目为主线,基础性和实用性并重。本书不仅详细介绍 C 语言本身,而且介绍编程思想、编程规范、编程方法等实用开发技术。

项目贯穿全书,通过对项目的分析、实现和讲解,使读者逐步具备利用 C 语言来开发应用程序的能力。

二、内容摘要

第 1 章 C 语言程序设计基础。作为全书的开篇,通过几个非常简单的例子介绍 C 语言的结构特点、书写格式、输入输出函数以及如何用 Code::Blocks 实现 C 语言程序的运行等内容。

第 2 章 数据类型、运算符与表达式。主要介绍 C 语言的基本数据类型、常量和变量、运算符及由它们组成的表达式、运算符的优先级与结合性等。

第 3 章 控制结构。通过一系列典型的实例,逐步介绍了算法的基础知识、流程图的绘制及各种控制结构语句的使用。

第 4 章 数组。介绍数值数组和字符数组,并对简单的学生成绩程序进行分析和实现。

第 5 章 函数。介绍函数的概念、定义及函数的调用方式。重点通过完成学生成绩管理程序来运用函数知识。

第 6 章 指针。本章主要围绕指针是什么、指针有何用、如何应用、具体应用来展开。

第 7 章 结构体与共用体。介绍结构体和共用体的概念、结构体数组的使用、结构体指针的应用等内容,并通过利用结构体知识完成学生成绩管理程序的分析及实现。

第 8 章 文件。介绍基本的文件知识,主要介绍 C 语言读写文件的方法。

第 9 章 综合实训 1。采用指针数组的方式来开发"学生成绩管理系统",主要通过案例的分析实现来培养读者运用 C 语言开发中小型项目的能力。

第 10 章 综合实训 2。采用单链表来开发"学生成绩管理系统",让读者体会不同实现算法效率上的异同。

三、使用指南及相关说明

为方便教师备课,本书配有视频、电子教案(PPT 文件)、教学要点、考试样题等教学资料,可从清华大学出版社网站下载。

本书第 1、3、6、9 章由温荷编写,第 2、4、8、10 章由王会编写,第 5、7 章由刘兆宏编写。参加本书策划、组织和编写的还有郑莉教授、张应辉博士和张辉教授。全书由刘兆宏统稿,张辉教授负责审阅。

由于作者水平有限,书中难免有不妥之处,欢迎读者对本书内容提出意见和建议,我们将不胜感激。

作 者
2016 年 12 月

目录

第  章　C 语言程序设计基础

　　C 语言是继 BASIC 语言、FORTRAN 语言、COBOL 语言和 PASCAL 语言之后问世的一种通用计算机程序设计语言。早期的 C 语言主要用于 UNIX 系统。由于 C 语言的强大功能和各方面的优点逐渐为人们认识，到了 20 世纪 80 年代，C 语言开始进入其他操作系统，并很快在各类大、中、小和微型计算机上得到了广泛使用，成为最优秀的程序设计语言之一。它适用于编写各种系统软件、应用软件。

　　本章通过几个非常简单的例子来介绍 C 语言的结构特点、书写格式、输入输出函数以及如何用 Code∷Blocks 实现 C 语言程序的运行等内容。

1.1　简单的 C 程序

1.1.1　一个简单的 C 程序

　　为了说明 C 语言源程序结构的特点，先看一个简单的例子。

　　【例 1.1】　原样输出一行语句

```
#include<stdio.h>                /*输入输出函数编译预处理命令*/
void main()                      /*主函数*/
{
    printf("Hello,world!\n");    /*输出信息*/
}
```

　　程序运行结果如下：

```
Hello,world!
```

　　例 1.1 的功能是在屏幕上输出一行字符：

```
Hello,world!
```

　　程序是由文件组成的，include 称为文件包含命令，其意义是把尖括号（<>）或引号（" "）内指定的文件包含到本程序来，成为程序的一部分。被包含的文件通常是由系统提供的，其扩展名为.h，因此也称为头文件或首部文件。C 语言的头文件中包括了各个标准

库函数的函数原型。凡是在程序中调用一个库函数时,都必须包含该函数原型所在的头文件。在本例中,使用了一个库函数:标准输出函数 printf。其头文件为 stdio.h 文件,因此在程序的主函数前用 include 命令包含了 stdio.h 文件。

main 是主函数的函数名,表示这是一个主函数。每一个 C 源程序都必须有且只有一个主函数(main 函数)。

printf 函数是一个由系统定义的标准函数,可在程序中直接调用。其功能是把要输出的内容显示到屏幕上。双引号内的\n 表示换行,在信息输出后,闪烁的光标将显示在屏幕的下一行。

程序中的"/ * … * /"表示注释符号,在注释符号中间是注释内容,该内容可以由任何字符构成,系统不执行注释内容。注释的作用是为程序员阅读程序带来方便。

读者可尝试修改程序,在屏幕上显示自己感兴趣的字符或图形。

1.1.2 C 程序的结构特点

通过以上的分析,并结合下面的例子,可领会 C 语言程序的基本组成结构。

【例 1.2】 假设已知两个正整数 num1,num2,比较它们的大小,并输出其中的最大值。

```
#include<stdio.h>              /*输入输出函数编译预处理命令*/
void main()                    /*主函数*/
{
    int num1=3,num2=5,result;  /*定义变量*/
    result=max(num1,num2);     /*调用自定义函数 max,并将结果赋给变量 result*/
    printf("max=%d\n",result); /*输出 result 的值*/
}
int max(int n1,int n2)         /*定义函数 max,返回值为整型,n1,n2 为形式参数*/
{
    int r;                     /*定义变量*/
    if(n1>n2)
        r=n1;                  /*如果 n1 比 n2 大,就把 n1 的值赋给 r*/
    else
        r=n2;                  /*如果 n1 不比 n2 大,就把 n2 的值赋给 r*/
    return r;                  /*返回 r 的值,通过 max 返回到调用处*/
}
```

程序运行结果如下:

```
max=5
```

程序的功能是比较 num1 和 num2 的大小,并将其中的最大值输出在屏幕上。该程序由两个函数构成,一个是 main( )主函数,另一个是 max(n1,n2)自定义函数(即用户自己设计的函数)。在主函数中既可以调用库函数(如 printf 函数),也可以调用自定义函数(如 max 函数)。

通过以上两个案例的分析,可以看出 C 语言有如下几个特点:

1. C 程序是由函数构成的

一个 C 源程序可由一个 main 函数和若干个其他函数组成,其中必须有且只有一个 main 函数。函数是 C 语言程序的基本单位。

2. main( )函数始终是 C 程序执行时的入口处

一个 C 语言程序总是从主函数 main( )开始执行,而不论 main( )函数在整个程序中的位置。

3. C 程序语句和数据定义必须以分号";"结束

C 语言中,分号是程序语句的结束标志,也是 C 语句的必要组成部分。

4. C 语言严格区分大小写

在编写 C 语言程序时,一定要注意大小写,如将"printf"写成"Printf",将会产生 "'Printf' undefined"的警告,并发生连接错误。

一般 C 语言程序使用小写字母来书写程序,C 语言程序中的大写字母一般表示常量,请注意变量 a 和变量 A 系统认定为两个不同的变量。

5. C 语言用/∗注释内容∗/形式进行程序注释

在"/∗"和"∗/"之间的所有字符都为注释符,C 编译系统不对注释符进行编译。

1.1.3　C 程序的书写格式

C 程序书写格式非常自由,但从书写清晰、便于阅读理解、维护的角度出发,书写程序时应遵循以下规则。

1. 一个说明或一个语句占一行

C 语言中一行内可以写一条语句,也可以写多条语句。一条语句可以在一行内完成,也可以在多行内完成。但提倡一行一条语句的风格。

2. { }的书写规范

用{ }括起来的部分,通常表示了程序的某一层次结构。一般情况下,左右大括号各占一行,并且需要上下对齐,这样便于检查大括号的成对性。在编写程序时,可先书写左右大括号,再编写括号中的内容,以避免括号不匹配的问题。

3. 程序书写采用缩进格式

根据语句的从属关系,程序书写时采用缩进格式,使程序语句的层次结构清晰,提高程序的可读性。同一层次语句要左对齐,低一层次的语句或说明可比高一层次的语句或说明缩进若干个字符,这样程序层次清楚,便于阅读和理解。

4. 程序中适当使用注释信息

编码过程中配合良好的注释,可增加程序的可读性、可维护性。

对于 C 语言程序的书写格式,读者可以从后面的程序中逐渐体会,编码时应力求遵循以上规则,以养成良好的编程风格。

1.2 C语言概述

1.2.1 C语言的产生及发展

C语言是 1972 年由美国的 Dennis Ritchie 设计发明的,并首次在 UNIX 操作系统的 DEC PDP-11 计算机上使用。它由早期的编程语言 BCPL(Basic Combind Programming Language)发展演变而来。1970 年,AT&T 贝尔实验室的 Ken Thompson 根据 BCPL 语言设计出较先进的并取名为 B 语言,最后导致了 C 语言的问世。

随着微型计算机的日益普及,出现了许多 C 语言版本,例如,Quick C、Microsoft C、Turbo C、C++、MS-C、Visual C 等。由于没有统一的标准,使得这些 C 语言之间出现了一些不一致的地方。为了改变这种情况,美国国家标准研究所(ANSI)为 C 语言制定了一套 ANSI 标准,成为现行的 C 语言标准。

今天,越来越多的人在学习 C 语言,使用 C 语言,用 C 语言开发各个领域中的应用软件,C 语言已经是当今世界上最流行的程序设计语言之一。

1.2.2 C语言的特点

C 语言发展如此迅速,而且成为最受欢迎的语言之一,主要因为它具有强大的功能。许多著名的系统软件,如 DBASE Ⅲ PLUS、DBASE Ⅳ 都是由 C 语言编写的。下面就其主要特点简述如下。

1. C语言简洁、紧凑

C 语言简洁、紧凑,使用方便、灵活。ANSI C 一共只有 32 个关键字、9 种控制语句,程序书写自由,主要用小写字母表示,压缩了一切不必要的成分。

2. C语言集高级语言和低级语言的功能于一体

由于 C 语言实现了对硬件的编程操作,所以 C 语言具有直接访问硬件地址和寄存器的功能,因此具有较高的实时性。同时,也有高级语言面向用户、容易记忆、容易学习和书写的优点。C 语言集高级语言和低级语言的功能于一体,既可用于系统软件的开发,也适合于应用软件的开发。

3. C语言是一种结构化语言

结构化语言的显著特点是代码及数据的分隔化,即程序的各个部分除了必要的信息交流外彼此独立。C 语言程序具有逻辑结构,有顺序、选择和循环 3 种基本结构,这种结构化方式可使程序层次清晰,便于使用、维护以及调试。

4. C语言是便于模块化设计的语言

按模块化方式组织程序,有利于把整体程序分割成若干个相对独立的功能模块,便于团队开发。C 语言是通过函数来实现模块化设计的,这些函数为程序模块间的相互调用以及数据传递提供了方便。

5. C 语言具有较高的可移植性

C 语言是面向硬件和系统的,即与汇编语言比较接近,但它并不依存于机器硬件系统,便于在硬件不同的机种间实现程序的移植。因此广泛地移植到了各类各型计算机上,从而形成了多种版本的 C 语言。

1.3 C 语言程序的实现

1.3.1 运行 C 程序的步骤和方法

运行 C 程序的步骤如图 1-1 所示。

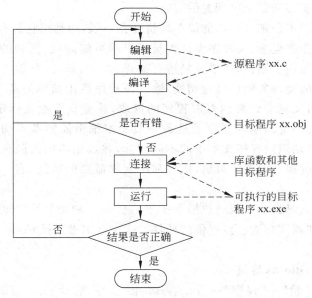

图 1-1 C 语言程序的运行过程

(1) 编辑:将 C 语言源程序输入到编辑器中,并保存为文件,后缀名为".c"。

(2) 编译:将 C 语言源程序程序转变成机器语言程序。编译产生的程序称为目标程序,目标程序被自动保存为文件,这一文件称为目标文件,文件名的后缀是".obj"。

本书采用 Code::Blocks 运行 C 语言程序。Code::Blocks 进行编译的依据是源程序,如果源程序中的符号、词语、整体结构等有差错,超出了 Code::Blocks 的"理解能力",Code::Blocks 就无法完成编译,这样的差错称为语法错误。一旦发现语法错误,Code::Blocks 就不生成目标文件,并在窗口下方列出错误;如果没有语法错误,则生成目标文件,允许继续进行后面的步骤。

编译没有出现错误,仅仅说明程序中没有语法错误。

(3) 连接:将目标程序和库函数或其他目标程序连接成 Windows 环境下的可执行文件,文件名后缀为".exe"。

（4）运行：运行可执行程序，观看输出结果是否正确。在运行这一步时，必须核对程序是否正确实现了预定的功能，如果功能不对，还必须到程序中寻找错误，纠正后再次经历（2）、（3）、（4）各步，直到看不出错误为止。运行时产生的错误称为逻辑错误，一般是由于算法错误或算法在转变为程序时出了问题，导致程序能够运行，却不能实现预想的功能。

1.3.2 Code∷Blocks 集成开发环境的使用

集成开发环境（Integrated Developing Environment，IDE）是一个综合性的工具软件，它把程序设计全过程所需的各项功能集合在一起，为程序设计人员提供完整的服务。

Code∷Blocks 是一个免费的 C、C++ 和 Fortran IDE 构建以满足最苛刻的用户的需求。它被设计成可扩展和完全可配置的。

集成开发环境并不是把各种功能简单地拼装在一起，而是把它们有机地结合起来，统一在一个图形化操作界面下，为程序设计人员提供尽可能高效、便利的服务。例如，程序设计过程中为了排除语法错误，需要反复进行编译、查错、修改、再编译的循环，集成开发环境就使各步骤之间能够方便快捷地切换，输入源程序后用简单的菜单命令或快捷键启动编译，出现错误后又能立即转到对源程序的修改，甚至直接把光标定位到出错的位置上。再如，集成开发环境的编辑器除了具备一般文本编辑器的基本功能外，还能根据 C 语言的语法规则，自动识别程序文本中的不同成分，并且用不同的颜色显示不同的成分，对使用者产生很好的提示效果。最后，IDE 和所有你需要的功能，有一个一致的外观、感觉和操作平台。

基于插件框架、代码∷块可以通过插件扩展。任何一种功能可以通过安装/编码添加插件。例如，编译和调试功能已经提供的插件。这也是本书选择 Code∷Blocks 开发 C 语言程序的主要原因。

1. 启动 Code∷Blocks 环境

方法：单击"开始"→"程序"→Code∷Blocks 命令，启动 Code∷Blocks，启动界面如图 1-2 所示。

图 1-2 启动界面

初始界面如图 1-3 所示。创建成功的编译界面如图 1-4 所示。

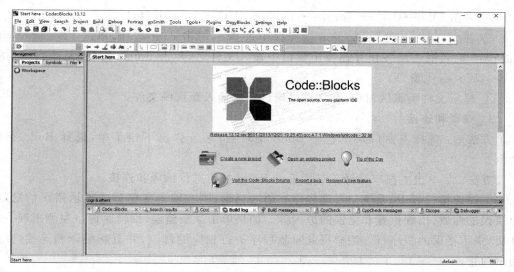

图 1-3　初始界面

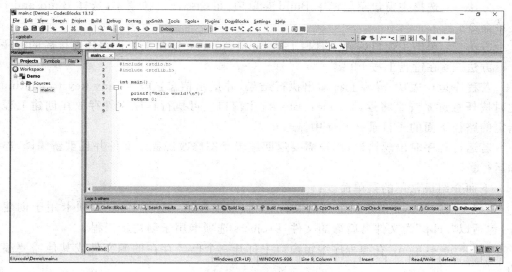

图 1-4　创建成功的编译界面

2. 编辑源程序文件

（1）建立新工程项目

① 单击 start here 界面中 create a new file→Console application→Go→next→在选择框里选择 C→next→在 project title 里面输入项目名称,其他的输入框中可以改变相关项目文件的默认位置-next-Finish。

② 在左侧 Management 中双击 Sources-双击 main.c。

③ 显示文件编辑区窗口,在文件编辑区窗口输入源程序文件。

（2）建立新项目中的文件

① 单击 File→New→Project,弹出 new from template 对话框。

② 单击 Files→C/C++ source→Go,弹出 C/C++ source 窗口。

③ 在 please make a selection 选择框中选择 c,单击 next 按钮,单击 Filename with full path 输入框右端按钮并在弹出窗口中输入文件名,单击 Finish 按钮,系统自动返回 Code::Blocks 主窗口。

④ 显示文件编辑区窗口,在文件编辑区窗口输入源程序文件。

3. 编译和连接

方法一:选择主窗口菜单栏中 Build 菜单项;系统弹出下拉菜单,选择 Build 菜单命令。

方法二:单击主窗口编译工具栏上的 Build 按钮进行编译和连接。

编译连接过程中,系统如发现程序有语法错误,则在输出区窗口中显示错误信息,给出错误的性质、出现位置和错误的原因等。如果单击某条错误,编辑区窗口左侧出现一个红块,指示错误的程序行。用户据此对源程序进行相应的修改,并重新编译和连接,直到通过为止。

4. 运行

方法一:选择主窗口菜单栏中 Build 菜单项;系统弹出下拉菜单,选择 Build and run 菜单命令。

方法二:单击主窗口编译工具栏上的 build and run 按钮来执行编译连接后的程序。

方法三:在键盘上按 F9 键。

若程序运行成功,屏幕上将输出执行结果,并提示信息:Press any key to continue。此时按任意键系统都将返回 Code::Blocks 主窗口。可执行程序文件存放在创建工程时指定的路径下面的子目录 debug 中。

若运行程序时出现错误,用户需要返回编辑状态修改源程序文件并且重新编译、连接和运行。

下面介绍最常用的菜单命令:

(1) File→New:创建一个新的文件、工程或工作区,其中,Files 选项卡用于创建文件,包括以“.cbp”为文件名后缀的文件;Projects 选项卡用于创建新工程。

(2) File→Open:在源程序编辑窗口中打开一个已经存在的源文件或其他需要编辑的文件。

(3) File→Close:关闭在源程序编辑窗口中显示的文件。

(4) File→Save Workspace:把当前打开的工作区的各种信息保存到工作区文件中。

(5) File→Close Workspace:关闭当前打开的工作区。

(6) File→Save:保存源程序编辑窗口中打开的文件。

(7) File→Save as:把活动窗口的内容另存为一个新的文件。

(8) File→Save All files:为当前打开的工程保存选项文件和源文件。

(9) View→Perspectives→Code::Blocks default:恢复默认界面布局。

(10) 在行号的右击设置断电,然后单击 Debugging Windows→Watchs:打开、激活调试信息窗口。

(11) Project→New:在工作区中创建一个新的文件或工程。

(12) Build→Build and Run：编译源程序编辑窗口中的程序，也可用快捷键 F9。

(13) Build→Build：连接，生成可执行程序文件，也可用快捷键 Ctrl＋F10。

1.4　输入与输出函数

C语言本身没有输入和输出语句，所有的数据输入和输出都是由库函数完成的。因此都是函数语句。本章给大家介绍 printf 函数、scanf 函数、putchar 函数和 getchar 函数。这些函数的原型在头文件 stdio.h 中，程序在调用这些库函数时，要求在源文件的开始处加上头文件的"包含命令"，格式如下：

```
#include<库函数头文件名>  或  #include"库函数头文件名"
```

使用标准输入输出库函数时要用到 stdio.h 文件，因此源文件开头应加入预编译命令：＃include＜ stdio.h ＞或＃include "stdio.h"。stdio 是 standard input ＆output 的意思。

1.4.1　标准格式输出函数 printf( )

printf( )函数的作用是：按用户指定的格式，把指定的数据输出到计算机系统默认的输出设备(一般指终端或显示器)上。

它的一般格式为：

```
printf("格式控制字符串"[,输出项表]);
```

其中格式控制字符串包括两部分内容：一部分是正常字符，这些字符将按原样输出；另一部分是格式化规定字符，以"％"开始，后跟一个或几个规定字符，用来确定输出内容格式。

输出项表是需要输出的一系列参数，其个数必须与格式化字符串所说明的输出参数个数一样多，各参数之间用"，"分开，且顺序一一对应，否则将会出现意想不到的错误。

其中用方括号括起来的部分可以省略。如例 1.1 中的语句：printf("Hello, world! \n");。

【例 1.3】 输出十进制整数。

```
#include<stdio.h>                         /＊输入输出函数编译预处理命令＊/
void main()                               /＊主函数＊/
{
    int num1=10,num2=5;                   /＊定义整型变量＊/
    printf("num1=%d\n",num1);             /＊输出 num1＊/
    printf("num1=%d\tnum2=%d\n",num1,num2);   /＊输出 num1、num2＊/
    printf("num1=%d,num2=%d\n",num1,num2);    /＊输出 num1、num2＊/
```

```
    }
```

程序运行结果如下：

```
num1=10
num1=10       num2=5
num1=10,num2=5
```

通过例 1.1 在屏幕上输出 hello world，读者已经看出，printf() 函数中双引号的内容会原样输出，因此，例 1.3 的运行结果中出现了 num1＝，num2＝的字样。%d 是格式说明符，表示输出十进制整数，若要输出浮点数，需要用%f，请看例 1.4。\t 是一种转义字符，表示横向跳格，具体请参见 printf 函数的基本用法。

【例 1.4】 输出十进制浮点数。

```
#include<stdio.h>                              /*输入输出函数编译预处理命令*/
void main()                                    /*主函数*/
{
    float num1=10.679,num2=5.3124;             /*定义实型变量*/
    printf("num1=%f\n",num1);                  /*输出num1*/
    printf("num1=%f\tnum2=%f\n",num1,num2);    /*输出num1、num2*/
    printf("num1=%f,num2=%f\n",num1,num2);     /*输出num1、num2*/
}
```

程序运行结果如下：

```
num1=10.679000
num1=10.679000     num2=5.312400
num1=10.679000,num2=5.312400
```

浮点数输出默认保留 6 位小数，若要限制输出的小数位数，请参看例 1.8。

通过以上的例题，可以归纳出 printf 函数的基本用法。

```
printf("格式控制字符串"[,输出项表]);
```

（1）格式控制字符串用于指定输出格式，它包括：可打印的一般字符、转义字符和格式字符串三个部分。

（2）可打印的一般字符在输出时原样输出，在显示中起提示作用。比如，例 1.3 的 printf("num1＝%d\n",num1);"num1＝"就是可打印的一般字符，运行时会在屏幕上原样输出，提示用户输出的数值是 num1 的值。

（3）转义字符是一种特殊的字符常量。转义字符以反斜线"\"开头，后跟一个或几个字符。转义字符具有特定的含义，不同于字符原有的意义，故称"转义"字符。例如，例 1.3 中 printf 函数的格式串中用到的"\n"就是一个转义字符，其意义是"回车换行"。转义字符主要用来表示那些用一般字符不便于表示的控制代码。C 语言中的常用转义字符如表 1-1 所示。

表 1-1　常用的转义字符及其含义

转义字符	转义字符的意义
\n	回车换行
\t	横向跳到下一制表位置
\b	退格
\r	回车不换行
\\	反斜线符"\"
\'	单引号符
\"	双引号符
\a	鸣铃
\ddd	1～3 位八进制数所代表的字符
\xhh	1～2 位十六进制数所代表的字符

（4）格式字符串是以％开头的字符串，在％后面跟有各种格式字符，以说明输出数据的类型、形式、长度、小数位数等。如"％d"表示按十进制整型输出。格式字符串的书写格式如下：

％<修饰符><格式说明符>

printf 函数常用的格式说明符如表 1-2 所示。

表 1-2　printf 函数格式说明符一览表

格式字符	意　　义
d,i	以十进制形式输出带符号整数（正数不输出符号）
o	以八进制形式输出无符号整数（不输出前缀 0）
x,X	以十六进制形式输出无符号整数（不输出前缀 0x）
u	以十进制形式输出无符号整数
f	以小数形式输出单、双精度实数
c	输出单个字符
s	输出字符串，将字符串送入到一个字符数组中，在输入时以非空白字符开始，以第一个空白字符结束。字符串以结束标志\0作为其最后一个字符
e,E,g,G	与 f 作用相同，e 与 f，g 可以相互替换（大小写作用相同）

请读者试着运行以下案例，并分析运行结果。

【例 1.5】　输出一个字符。

```
#include<stdio.h>                              /*输入输出函数编译预处理命令*/
void main()                                    /*主函数*/
{
```

```
    char ch='a';                                /* 定义字符型变量 */
    printf("ch=%c\n",ch);                        /* 输出字符 */
}
```

程序运行结果如下：

ch=a

%c 表示输出单个字符，见表 1-2。

【例 1.6】 输出一个字符串。

```
#include<stdio.h>                              /* 输入输出函数编译预处理命令 */
void main()                                    /* 主函数 */
{
    char str[10]="abcde";                      /* 定义一个字符串变量 */
    printf("%s\n",str);                        /* 输出字符串 */
}
```

程序运行结果如下：

str=abcde

%s 表示输出一个字符串，见表 1-2。

（5）修饰符作为附加格式说明字符，其具体用法请参看下面的例题。

【例 1.7】 运行以下程序，观察数值在屏幕上输出时所占的列宽。

```
#include<stdio.h>
void main()
{
    int num1=100,num2=5;                       /* 定义整型变量 */
    printf("%2d\n",num1);                      /* 输出 num1 */
    printf("%5d\n",num1);                      /* 输出 num1 */
    printf("%-5d%d\n",num1,num2);              /* 输出 num1、num2 */
}
```

程序运行结果如下：

```
100
  100
100  5
```

"%md"中的"m"代表一正整数，表示输出数据所占列宽。若数据本身的列宽超过了
m 的大小，将原样输出；若数据本身的列宽小于 m 的值，将在该数据的左边用空格补足位
数。如果 m 前面有一符号，即"%-md"，表示数据本身的列宽小于 m 的值时，将在该数据
的右边用空格补足位数。由于 num1＝100，整数 100 只占 3 列，所以，以%2d 输出时会超
出列宽原样输出，而以%5d 输出时左边有 2 个空格，以"%-5d"输出时右边有 2 个空格。
说明见表 1-3。

——————— C 语言程序设计案例教程(第 3 版)

表 1-3   printf 函数中用到的格式修饰字符

字　符	意　义
l	长整型数据,可加在格式符 d、o、x、u 前面
m(代表一个正整数)	数据最小宽度
.n(代表一个正整数)	对实数,表示输出 n 位小数;对字符串,表示截取的字符个数
—	输出的数字或字符在域内向左靠齐,右边填空格

【例 1.8】 运行以下程序,分析修饰符的作用。

```
#include<stdio.h>
void main()
{
    float num1=10.679;                    /*定义实型变量*/
    printf("%4f\n",num1);                 /*输出 num1*/
    printf("%9.2f\n",num1);               /*输出 num1*/
}
```

程序运行结果如下:

```
10.679000
    10.68
```

"%m.nf"中"m"的含义与例 1.7 的分析一样,不再赘述。n 表示输出的小数位数。若不对浮点数的小数位数做出限制,默认输出 6 位小数。"%9.2f"的含义就是:数据共占 9 列,保留 2 位小数,不足 9 列左端以空格补充。

【例 1.9】 浮点数数据的输出。

```
#include<stdio.h>
void main()
{
    float fnum=3852.99;
    printf("*%f*\n",fnum);
    printf("*%e*\n",fnum);
    printf("*%4.2f*\n",fnum);
    printf("*%3.1f*\n",fnum);
    printf("*%10.3f*\n",fnum);
    printf("*%10.3e*\n",fnum);
    printf("*%+4.2f*\n",fnum);
    printf("*%010.2f*\n",fnum);
}
```

程序运行结果如下:

```
*3852.990000*
*3.852990e+03*
*3852.99*
```

第 1 章　C 语言程序设计基础 ——————————— 13

```
* 3853.0 *
*  3852.990 *
* 3.853e+03 *
* +3852.99 *
* 0003852.99 *
```

本例中的%e格式,在小数点的左侧打印一个数字,在小数点的右侧打印 6 个数字,数字比较多,解决方法是规定小数点右侧小数位的数目,本段中接下来的 4 个示例就是这样做的。请注意第 4 个和第 6 个示例对输出进行了四舍五入。

最后,+标志使得结果数字和它的符号一起打印,0 标志产生前导零以使结果填充整个字段。

【例 1.10】 字符串数据的输出。

```c
#include<stdio.h>
void main()
{
    char str[50]="Authentic imitation!";
    printf("/%2s/\n",str);
    printf("/%24s/\n",str);
    printf("/%24.5s/\n",str);
    printf("/%-24.5s/\n",str);
}
```

程序运行结果如下:

```
/Authentic imitation!/
/    Authentic imitation!/
/                   Authe/
/Authe                   /
```

综上所述,可以轻松地对屏幕上输出的数据的列宽、小数位数等格式进行控制。

读者也许会问,字符在内存中以什么形式存放? 阅读以下案例,并分析运行结果。

【例 1.11】 字符型数据的输出。

```c
#include<stdio.h>                          /*输入输出函数编译预处理命令*/
void main()                                /*主函数*/
{
        printf("%c----%d,%c----%d\n",'0','0','9','9');
        printf("%c----%d,%c----%d\n",'a','a','z','z');
        printf("%c----%d,%c----%d\n",'A','A','Z','Z');
}
```

程序运行结果如下:

```
0----48,9----57
a----97,z----122
```

A————65,Z————90

字符'0'以％c形式输出,将显示 0;以％d形式输出,将显示字符'0'在内存中的 ASCII 码值。

常用的编码方式请读者参看其他书籍,本书不做介绍,但需要指出的是,字符在计算机中采用 ASCII 码存储。它能表示的有 26 个小写字母、26 个大写字母、10 个数字、32 个符号、33 个控制代码和一个空格,总共 128 个。表 1-4 列出了各个符号所对应的码值。

表 1-4　ASCII 字符表

Ctrl	Dec	Hex	Char	Code	Dec	Hex	Char	Dec	Hex	Char	Dec	Hex	Char
^@	0	00		NUL	32	20		64	40	@	96	60	`
^A	1	01		SOH	33	21	!	65	41	A	97	61	a
^B	2	02		STX	34	22	"	66	42	B	98	62	b
^C	3	03		ETX	35	23	#	67	43	C	99	63	c
^D	4	04		EOT	36	24	$	68	44	D	100	64	d
^E	5	05		ENQ	37	25	%	69	45	E	101	65	e
^F	6	06		ACK	38	26	&	70	46	F	102	66	f
^G	7	07		BEL	39	27	'	71	47	G	103	67	g
^H	8	08		BS	40	28	(	72	48	H	104	68	h
^I	9	09		HT	41	29	)	73	49	I	105	69	i
^J	10	0A		LF	42	2A	*	74	4A	J	106	6A	j
^K	11	0B		VT	43	2B	+	75	4B	K	107	6B	k
^L	12	0C		FF	44	2C	,	76	4C	L	108	6C	l
^M	13	0D		CR	45	2D	—	77	4D	M	109	6D	m
^N	14	0E		SO	46	2E	.	78	4E	N	110	6E	n
^O	15	0F		SI	47	2F	/	79	4F	O	111	6F	o
^P	16	10		DLE	48	30	0	80	50	P	112	70	p
^Q	17	11		DC1	49	31	1	81	51	Q	113	71	q
^R	18	12		DC2	50	32	2	82	52	R	114	72	r
^S	19	13		DC3	51	33	3	83	53	S	115	73	s
^T	20	14		DC4	52	34	4	84	54	T	116	74	t
^U	21	15		NAK	53	35	5	85	55	U	117	75	u
^V	22	16		SYN	54	36	6	86	56	V	118	76	v
^W	23	17		ETB	55	37	7	87	57	W	119	77	w
^X	24	18		CAN	56	38	8	88	58	X	120	78	x
^Y	25	19		EM	57	39	9	89	59	Y	121	79	y
^Z	26	1A		SUB	58	3A	:	90	5A	Z	122	7A	z
^[	27	1B		ESC	59	3B	;	91	5B	[	123	7B	{
^\	28	1C		FS	60	3C	<	92	5C	\	124	7C	¦
^]	29	1D		GS	61	3D	=	93	5D	]	125	7D	}
^^	30	1E	▲	RS	62	3E	>	94	5E	^	126	7E	~
^—	31	1F	▼	US	63	3F	?	95	5F	—	127	7F	⌂

从表 1-4 可以看出 ASCII 码的许多特点:26 个字母代码是连续的;小写字母比对应的大写字母的 ASCII 码值大 32,例如 a 的码值是 65,A 的码值是 97,这样有利于大小写之间的转换;10 个数字的代码可以从数值本身方便地得到,例如,0 的码值是 48,1 的码值

是 49,以此类推。

1.4.2　标准格式输入函数 scanf()

scanf()函数的作用是：按用户指定的格式从键盘上把数据输入到指定的变量之中。
它的一般格式为：

scanf("格式控制字符串" [,地址表列]);

其中,格式控制字符串的作用与 printf 函数相同,但不能显示非格式字符串,也就是不能显示提示字符串。

地址表列中给出各变量的地址。地址是由地址运算符"&"后跟变量名组成的。例如,&a,&b 分别表示变量 a 和变量 b 的地址。这个地址就是编译系统在内存中给 a,b 变量分配的地址。在 C 语言中,使用了地址这个概念,这是与其他语言不同的。应该把变量的值和变量的地址这两个不同的概念区别开来。变量的地址是 C 编译系统分配的,用户不必关心具体的地址是多少。这与 printf()函数完全不同,要特别注意。各个变量的地址之间同","分开。

为了更好地理解 scanf()函数的使用方法,请读者先阅读以下几个例子。

【例 1.12】　输入一个十进制整数。

```
#include<stdio.h>                      /*输入输出函数编译预处理命令*/
void main()                           /*主函数*/
{
    int num;                          /*定义整型变量*/
    scanf("%d",&num);                 /*获取用户输入的 num 的值*/
    printf("%d\n",num);               /*输出 num*/
}
```

程序运行结果如下：

```
12      (用户输入 12)
12
```

运行以上程序时,屏幕上会出现一闪烁的光标,提示用户输入数据。当用户输入 12 时,表示将 12 赋给整型变量 num,即 num=12,所以用 printf 输出 num 的值时,屏幕上将显示 12。

【例 1.13】　输入两个十进制整数。

```
#include<stdio.h>                      /*输入输出函数编译预处理命令*/
void main()                           /*主函数*/
{
    int num1,num2;                    /*定义整型变量*/
    printf("请输入两个整数（两整数之间可以用空格、Tab 键或回车键分开）:");
    scanf("%d%d",&num1,&num2);        /*获取用户输入的 num1,num2 的值*/
```

```
        printf("num1=%d\tnum2=%d\n",num1,num2);/* 输出 num1,num2 的值 */
}
```

程序运行结果如下:

请输入两个整数（两整数之间可以用空格、Tab 键或回车键分开）:12　5
num1=12　　num2=5

　　程序运行时,屏幕首先输出提示信息,信息后面紧跟一闪烁的光标,当用户输入 12 空格(或 Tab 键或回车键)5 时,表示将 12 赋给整型变量 num1,5 赋给整型变量 num2,所以用 printf 输出 num1 和 num2 的值时,屏幕上将显示 12 和 5。

　　需要注意的是:

　　(1) scanf("%d%d",&num1,&num2);表示输入 num1 和 num2 时,必须用一个或多个空格、或 Tab 键、或回车键将两数分开。

　　(2) scanf("%d %d",&num1,&num2);表示若两个%d 之间有 m(m 代表一个正整数)个空格,则输入 num1 和 num2 时,必须用 m 个以上的空格或 Tab 键或回车键将两数分开。

　　(3) scanf("%d,%d",&num1,&num2);表示若两个%d 之间,则输入 num1 和 num2 时,必须用逗号将两数分开。例如:12,5。

【例 1.14】　输入十进制浮点数。

```
#include "stdio.h"                    /* 文件包含 */
void main()                          /* 主函数 */
{
    float num1,num2;                 /* 定义实型变量 */
    printf("请输入两个浮点数（两数之间用逗号分开）:");
    scanf("%f,%f",&num1,&num2);       /* 获取用户输入的 num1,num2 的值 */
    printf("num1=%.2f\tnum2=%.3f\n",num1,num2);
                                     /* 输出 num1、num2 */
}
```

程序运行结果如下:

请输入两个浮点数（两数之间用逗号分开）:1.6789,23.12345
num1=1.68　　num2=23.123

通过以上的例题,可以归纳出 scanf 函数的基本用法。

scanf("格式控制字符串"[,地址表列]);

　　(1) 格式控制字符串的作用与 printf 函数相同,但不能显示可打印的一般字符,也就是不能显示提示字符串。初学者最容易犯以下错误:

将语句:

```
printf("num=");
scanf("%d",&num);
```

合成一句,写为:

```
scanf("num1=%d",&num);
```

或者是以例 1.15 形式输入也可以。

【例 1.15】 输入十进制整数。

```
void main()
{
    int a,b,c;
    printf("input a,b,c\n");
    scanf("%d%d%d",&a,&b,&c);
    printf("a=%d,b=%d,c=%d",a,b,c);
}
```

程序运行结果如下:

```
input a,b,c
7 8 9
a=7,b=8,c=9
```

(2) 格式说明符的具体含义见表 1-5。

表 1-5 函数格式说明符一览表

格　式	字　符　意　义	格　式	字　符　意　义
d	输入十进制整数	f 或 e	输入实型数(用小数形式或指数形式)
o	输入八进制整数	c	输入单个字符
x	输入十六进制整数	s	输入字符串
u	输入无符号十进制整数		

(3) 地址表列中给出各变量的地址。地址是由地址运算符"&"后跟变量名组成的。例如,&num 表示变量 num 的地址。初学者在写 scanf 语句时最容易漏掉"&"。

请读者运行以下程序,分析运行结果。

【例 1.16】 输入两个字符。

```
#include<stdio.h>                              /*输入输出函数编译预处理命令*/
void main()                                    /*主函数*/
{
    char ch1,ch2;                              /*定义字符型变量*/
    printf("请输入两个字符:");
    scanf("%c%c",&ch1,&ch2);                   /*获取用户输入的两个字符*/
    printf("ch1=%c,ch2=%c\n",ch1,ch2);         /*输出字符*/
}
```

程序运行结果如下:

请输入两个字符：aA

ch1=a,ch2=A

读者不妨思考一下，如果程序运行时用户输入 a A，即两个字符之间用空格分开，屏幕上会输出什么结果？

【例 1.17】 输入一个字符串。

```
#include<stdio.h>                     /*输入输出函数编译预处理命令*/
void main()                          /*主函数*/
{
    char str[10];                    /*定义一个字符数组存放字符串*/
    printf("请输入一个字符串:");
    scanf("%s",str);                 /*获取用户输入的一个字符串*/
    printf("你输入的字符串是%s\n",str); /*输出字符串*/
}
```

程序运行结果如下：

请输入一个字符串：abcdef

你输入的字符串是：abcdef

读者不妨尝试一下，如果运行时输入 abc def，即 abc 与 def 之间用空格分开，屏幕会输出什么内容？

结论：%s 遇空格、回车表示结束。

对于 scanf 函数的用法，最后需要强调两点：

(1) 从键盘输入的数据类型和个数必须与地址列表中变量的数据类型和个数相匹配。例如：scanf("%d,%d",&num1,&num2);输入数据时，num1 和 num2 只能是整型数据，且只能输入两个整数，并以逗号隔开。

(2) 输入数据时不规定精度。例如：scanf("%7.3f",&num);是不合法的。

也可以在表 1-6 所示的说明符中使用修饰符。修饰符出现在百分号和转换字符之间。

表 1-6 函数格式修饰符一览表

格　式	字 符 意 义
*	表示本输入项在读入后不赋给相应的变量
l	用于长整型数据和 double 型数据
h	用于输入短整型
域宽	指定输入数据所占宽度，域宽为正整数

【例 1.18】 输入整数—跳过输入的头两个整数。

```
#include<stdio.h>
void main()
{
```

```
    int n;
    printf("Please enter three integers:\n");
    scanf("% * d% * d%d",&n);
    printf("The last integer was %d\n",n);
}
```

程序运行结果如下：

```
Please enter three integers:
2004 2005 2006
The last integer was 2006
```

1.4.3　字符输出函数 putchar( )

前面的多数程序所输入和输出的内容都是数字。为了练习使用其他的形式，让我们来看一个面向字符的例子。大家已经知道了怎样使用 printf()来以％c 说明符输出字符，现在我们将接触专门为面向字符 I/O 而设计的 C 函数 putchar()。

putchar 函数的一般形式如下：

```
putchar(C)
```

putchar 是 put character(给字符)的缩写，很容易记忆。C 语言的函数名大多是可以见名知意的，不必死记。putchar(C)的作用是输出字符变量 C 的值，显然它是一个字符。

【例 1.19】　输出 OK 两个字符。

```
#include<stdio.h>
void main()
{
    char c1='O',c2='K';
    putchar(c1);
    putchar(c2);
    putchar('\n');
}
```

程序运行结果如下：

```
OK
```

从此例可以看出：用 putchar 函数既可以输出能在显示器上显示的字符，也可以输出屏幕控制字符，如 putchar('\n')的作用是输出一个换行符，使输出的当前位置移到下一行的开头。

如果把上面的程序改为一下这样，请思考输出结果。

【例 1.20】　输出 OK 两个字符。

```
#include<stdio.h>
void main()
```

```
{
    char c1=111,c2=107;
    putchar(c1);
    putchar(c2);
    putchar('\n');
}
```

程序运行结果如下：

OK

从前面的介绍已知：字符类型也属于整型类型，因此将一个字符赋给字符变量和将字符的 ASCII 代码赋给字符变量作用是完全相同的（但应注意，整型数据应在 0～127 的范围内）。

1.4.4 字符输入函数 getchar( )

getchar 函数的功能是从键盘上输入一个字符。
其一般形式为：

getchar();

通常把输入的字符赋予一个字符变量，构成赋值语句，如：

char c;
c=getchar();

【例 1.21】 输入单个字符。

```
#include<stdio.h>
void main()
{
    char c;
    printf("input a character\n");
    c=getchar();
    putchar(c);
}
```

程序运行结果如下：

input a character
A
A

使用 getchar 函数还应注意几个问题：
(1) getchar 函数只能接收单个字符，输入数字也按字符处理。输入多于一个字符时，只接收第一个字符。

（2）使用本函数前必须包含文件"stdio.h"。

（3）程序最后两行可用下面两行的任意一行代替：

```
putchar(getchar());
printf("%c",getchar());
```

1.5　本章小结

　　本章从简单的 C 程序入手，介绍了 C 程序的结构特点及书写格式。然后简单介绍了 C 语言的产生、发展及特点。为了让读者尽快感受编程的乐趣，接着描述了 C 语言程序的上机过程，并详细讲述了用 Code::Blocks 集成开发环境开发 C 语言程序的步骤。最后通过一系列小案例，讲解了基本输入输出函数 scanf( )、getchar( )、putchar()和 printf( )的用法。

习　题

1. 用 printf 语句在屏幕上输出自己的名字 3 遍。
2. 用"＊"等符号输出一种图形，如心形。
3. 请将下列程序补充完整，实现变量的输出。

```
#include<stdio.h>
void main( )
{
    int iNo1,iNo2;
    float fNo;
    char cMail;
    iNo1=2;
    iNo2=5;
    fNo=2.6;
    cMail='@';
    ...
}
```

4. 请将下列程序补充完整，实现变量的输入输出。

```
#include<stdio.h>
void main( )
{
int iNo1,iNo2;
    float fNo;
    char ch;
```

```
    ...
}
```

5. 阅读以下程序,分析运行结果,并上机验证。

```
#include<stdio.h>
void main( )
{
    int x,y,m;                        /*定义整型变量 x,y,m*/
    printf("Please input x and y\n"); /*输出提示信息*/
    scanf("%d%d",&x,&y);              /*读入两个乘数,赋给 x,y 变量*/
    m=x*y;                            /*计算两个乘数的积,赋给变量 m*/
    printf("%d * %d=%d\n",x,y,m);     /*输出结果*/
}
```

6. 编写 C 语言程序,按提示输入学院的名称并输出显示在屏幕上,用%s 实现。

7. 编写 C 语言程序,按提示输入学生的学号(int no)、姓名(char name[20])、年龄(int age)、性别(char sex)及成绩(float score),并输出显示在屏幕上。

8. 归纳总结函数 printf( )、scanf( )使用时的注意事项。

9. 请描述 C 语言程序的开发过程,并指出每个阶段产生的文件的后缀名,在程序对应的路径下找到这些文件。

10. 如何使用 Code∷Blocks 开发程序? 请读者使用 Code∷Blocks 将本章程序录入到电脑,并完成编译、连接和运行。归纳总结编译及运行中出现的错误。

 章 数据类型、运算符与表达式

C 语言中的数据类型和运算符种类丰富,学习和掌握这些内容是用 C 语言编写程序的基础。本章主要介绍 C 语言的基本数据类型、常量和变量、运算符及表达式、运算符的优先级与结合性等内容。

2.1　C 语言的数据类型

数据是程序处理的对象,为了解决具体问题,需要采用各种类型的数据,数据的类型不同,它所表示的数值范围、精度和所占据的存储空间均不相同。在初中的数学课程里,我们就已经接触并认识了一些数据类型,例如整数、小数等。同样,C 语言也有自己的数据类型,观察下面的数据类型图,你是否发现 C 语言中的数据类型和以前数学中学过的数据类型有相似之处呢?

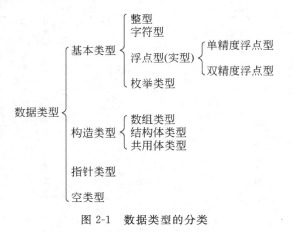

图 2-1　数据类型的分类

从图 2-1 可以清晰地看出,在 C 语言中,数据类型可分为:基本数据类型、构造数据类型、指针类型、空类型四大类。

本章主要介绍基本数据类型中的整型、浮点型和字符型。其余类型在以后各章中陆续介绍。

2.2 常量与变量

每个 C 程序中处理的数据,无论是什么数据类型,都是以常量或变量的形式出现的。在程序中,常量是可以不经说明而直接引用,而变量则必须先定义后使用。

2.2.1 常量

在程序执行过程中,其值不能改变的量称为常量。按照表现形式的不同,常量分为两种类型:直接常量和符号常量。如按照数据类型来分,常量又可以分为 4 类:整型常量、实型常量、字符常量和字符串常量。

1. 直接常量(字面常量)

直接表现为数字形式的常量,也称为常数。直接常量不用说明就可直接使用。

(1)整型常量

整型常量有如下三种表示形式:

① 十进制整数:如 0、34、−25 等。

② 八进制整数:以数字 0 开头的整数。如 0127(等于十进制数 87)、−034、0564 等。

③ 十六进制整数:以 0x 或 0X 开头的整数。如:0x127(等于十进制数 295)、−0x456 等。

(2)实型常量

实型常量即数学中的实数,有以下两种表示形式:

① 十进制形式:它由数字和小数点组成(小数点不能省略)。如 12.350、0.02 等。

② 指数形式:它由小数和指数两部分组成,指数部分的底数用字母 e 或 E 表示,如 123.45e2 和 123.45E2 都表示 123.45×10^2。在使用指数形式时,一定要注意在字母 e 或 E 之前必须有数字,且 e 后面的指数必须为整数,e2 和 1.2e0.5 都不是合法的实型常量。

(3)字符常量

字符常量是指用一对单引号括起来的一个字符。如'a','9','!'。其中的单引号只起定界作用,并不表示字符本身,所以单引号被称为字符常量的"定界符"。

C 语言中的字符常量具有确定的数值,这是由字符的 ASCII 代码值来确定的,如'a'的 ASCII 码值等于 97,其余字符的 ASCII 码值可参看第 1 章表 1-4 ASCII 字符表。同时,C 语言中的字符常量可以和数值一样参与运算,这是 C 语言的一个特点。为此我们可以总结出在 C 语言中,字符常量有以下特点:

① 字符常量只能用单引号括起来,不能用双引号或其他括号。

② 字符常量只能是单个字符,不能是字符串。

③ 字符可以是字符集中任意字符。但数字被定义为字符型之后参与运算的含义与数字不同。如'5'和 5 是不同的,'5'的 ASCII 值为十进制 53,而 5 的 ASCII 值为十进制的 5。'5'是字符常量,不能直接参与运算;而 5 是数值常量,可以直接参与数值运算。

（4）转义字符

在第 1 章介绍 printf 函数的基本用法时，已详细描述了转义字符的用法。本章不再赘述。

（5）字符串常量

字符串常量是用双引号括起来的一串字符（可以是零个字符，也可以是一个或多个字符），如""、"Hello"、"1234"等。

一个字符串中所包含的字符个数，称为该"字符串的长度"（注意：该长度不计算系统自动在字符串末尾加上的'\0'这一字符）。字符串中若有转义字符，则应把它视为一个整体，当作一个字符来计算。例如，字符串"This is a book"的长度是 14；"tb\101&xy\x44"的长度是 7。又如，"tb\101&xy\x44"包含"t""b""\101""&""x""y""\x44"这 7 个字符，其中\101 是八进制的 101，\x44 是十六进制的 44。

读者在用字符常量和字符串常量时一定要注意二者的区别，如'a'是字符常量，而"a"是字符串常量，二者是不一样的。因为字符串常量在计算机内存储时，系统会自动在字符串末尾加上转义字符"\0"表示字符串的结束，所以"a"其实包含两个字符：字符 a 和字符"\0"，故两者是不同的。例如："hello"这个常量字符串就包含了"h"，"e"，"l"，"l"，"o"，"\0"这六个字符常量。

2. 符号常量

用符号代替直接的数字表示的常量。在 C 语言中，称这种符号为标识符。符号常量在使用之前必须先定义，其一般形式为：

#define 标识符 常量

其中#define 是一条预处理命令（预处理命令都以"#"开头），称为宏定义命令，其功能是把该标识符定义为其后的常量值。一经定义，在程序中所有出现该标识符的地方均代之以该常量值。

【例 2.1】 符号常量的使用。

```
#include<stdio.h>              /*头文件包含预处理命令*/
#define PI 3.14               /*宏定义：定义符号常量 PI,表示圆周率*/
void main()
{
    double radius;            /*定义了一个双精度浮点型变量 radius,表示圆的半径*/
    double area;              /*定义了一个双精度浮点型变量 area,表示圆的面积*/
    radius=10;               /*为 radius 赋值为 10*/
    area=PI * radius * radius;  /*计算圆的面积*/
    printf("area=%.2f",aera);  /*输出圆的面积*/
}
```

程序运行结果如下：

area=314.00

分析与说明：

习惯上符号常量的标识符用大写字母(如例 2.1 中的 PI),变量标识符用小写字母(如例 2.1 中的 radius、area),以示区别。使用符号常量的好处:一是含义清楚;二是能做到"一改全改"。

3. 标识符

以下划线或英文字母开头的有效字符序列。通常用来标识变量名、符号常量名、函数名、数组名、类型名、文件名等,其合法组成成分有:

阿拉伯数字:0~9;

英文字母:a~z、A~Z;

下画线:_

stuNo,math_score,num2,_begin 都是合法标识符。而 abc?,123num 则是非法的标识符。需引起注意的是:由于 C 语言区分大小写,因此 num1 与 Num1 是两个不同的标识符。

2.2.2 变量

变量是指在程序执行期间其值可以被改变的量。在 C 语言中,通常用变量来保存程序执行过程中的输入数据、中间结果以及最终结果等。一个变量应该有一个名字,在内存中占据一定的存储单元,存储单元存放变量的值。

1. 变量名

变量的名字其实就是一个标识符,所以命名时必须遵循标识符的命名规则。

变量名实际上是一个符号地址,在对程序编译连接时由系统为每一个变量名分配一个内存地址。在程序执行中从变量中取值,实际上是通过变量名找到相应的内存地址,从其存储单元中读取数据。

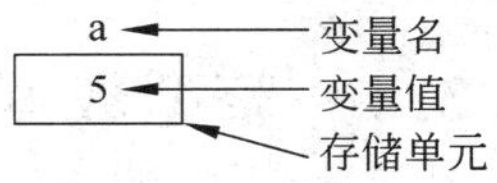

变量名和变量值的关系可参考图 2-2。

图 2-2 变量

2. 变量定义与初始化

在程序中使用一个变量之前,必须先对它进行定义:取一个名字(变量名),指定它的数据类型。变量定义(说明)的基本格式是:

数据类型符 变量名;

其中数据类型符在 2.3 节中介绍。例如:

```
int number;          /* 定义 number 为一个整型变量 */
float money;         /* 定义 money 为一个实型变量 */
char c1,c2;          /* 定义 c1 和 c2 为两个字符型变量 */
```

变量的初始化就是在定义时直接给变量赋值。例如:

```
int number=10;
```

在定义变量时,应注意以下几点:

(1) 允许在一个类型说明符后,定义多个相同类型的变量。各变量名之间用逗号间隔。类型说明符与变量名之间至少用一个空格间隔。

(2) 最后一个变量名之后必须以";"号结尾。

(3) 变量定义必须放在变量使用之前。一般放在函数体或语句块的开头部分。

3. 变量赋值

变量赋值就是把数据传送到变量所代表的存储空间的操作。在 C 语言中,变量的赋值通过运算符"＝"来实现。变量赋值的一般格式:

变量名=表达式;

例如:

```
money=50;                /* 把整数 50 传给变量 money */
area=length*wide;        /* 变量 length 和 wide 的值相乘运算后其结果传给变量 area */
```

值得注意的是:

(1) 变量的赋值必须在变量定义之后。

(2) 变量的初始化和赋值在本质上是相同的,仅仅方式不同,无论采用什么方式给一个变量赋值之后,都可以对该变量重新赋值。

2.3 C 语言的基本数据类型

C 语言提供了丰富的数据类型,其中基本类型包括整型、实型和字符型,对于其他类型将在后面的章节中介绍。

2.3.1 整型数据

1. 整数类型

整型数据如 1、34、—27 等。在 C 语言中用"int"来表示整型数据。

在 C 语言中,根据占用内存的字节数的不同,整型数据又可以分为三种:

(1) 整型:以 int 表示。

(2) 短整型:以 short int 表示,可简写为 short。

(3) 长整型:以 long int 表示,可简写为 long。

以上各种类型数据所占的内存空间大小因机器而异。对于 IBM PC 机,各种类型数据所占位数和数的范围如表 2-1 所示。

表 2-1 各种整型数据所占位数和数的范围

整型数据	所占位数	数 的 范 围
int	32	—2 147 483 648～2 147 483 647
short	16	—32 768～32 767
long	32	—2 147 483 648～2 147 483 647

除了这三种类型外,C 语言中的整型数据还可以分为带符号整数和无符号整数。带

符号整数以加"signed"表示(通常可以省略),存储时用一位存储空间(一般为最高位)来表示数的符号,以 0 表示正,以 1 表示负。无符号数以加"unsigned"表示,该类型整数只能存储正整数,而不能存储负数。因此,无符号整数能表示的最大整数比带符号整数要大一倍,一个无符号 16 位整数能表示的最大整数为 65 535。各种无符号整型数据所占位数和数的表示范围如表 2-2 所示。

表 2-2　各种无符号整型数据所占位数和数的范围

整型数据	所占位数	数 的 范 围
unsigned	32	0~4 294 967 295
unsigned short	16	0~65 535
unsigned long	32	0~4 294 967 295

2. 整型变量

用数据类型符 int 可以将一个变量定义为整型。

例如:

```
int x;
```

定义了一个名为 x 的变量,数据类型是整型。

在整型变量说明符 int 前加上修饰符:signed、unsigned、long 和 short 后,就可以说明一个变量是带符号的、无符号的、长整型的和短整型的。

对于整型变量来说,有如下几点要注意:

(1) 如果在定义一个整型变量时含有修饰符 signed、unsigned、long 和 short 等,那么 int 可以省略不写。例如:long int y;与 long y;所说明的变量含义相同。

(2) int 在前面没有修饰符时,默认为是带符号的。即 int 就是 signed int。

(3) signed int 与 unsigned int 的区别在于对数(二进制)的最高位的解释不同。对于前者,把最高位当作符号位看待;对于后者,最高位仍用于存储数据。

【例 2.2】　整型变量的定义与使用。

```
#include<stdio.h>      /*头文件包含预处理命令*/
void main()
{
    int num1,num2;      /*定义 2 个整型变量 num1,num2*/
    int sum,sub;        /*定义 2 个整型变量,sum 表示两个数的和,sub 表示两个数的差*/
    num1=20;            /*为 num1 赋值为 20*/
    num2=-10;           /*为 num2 赋值为-10*/
    sum=num1+num2;      /*计算两个整数的和*/
    sub=num1-num2;      /*计算两个整数的差*/
    printf("num1+num2=%d,num1-num2=%d\n",sum,sub);   /*输出两个整数的和与差*/
}
```

程序运行结果如下:

```
num1+num2=10,num1-num2=30
```

读者不妨将语句行 int num1，num2；修改为 unsigned int num1，num2；后，运行程序，看看运行结果。

【例 2.3】 整型数据的溢出。

```
#include<stdio.h>                /*头文件包含预处理命令*/
void main()
{
    int len1=0x10000;            /*定义一个整型变量 len1,并赋值为十六进制的 10000*/
    short len2=len1;             /*定义一个短整型变量 len2 并赋值*/
    printf("len1=%d,len2=%hd\n",len1,len2);
                                 /*输出 len1,len2 的值*/

}
```

程序运行结果如下：

```
len1=65536,len2=0
```

0x10000 转换为十进制的 65 536，如图 2-3 所示。由于 len1 和 len2 的数据类型长度不一样，len1 是 int 型，占 32 位，而 len2 是 short 型，占 16 位，因此进行赋值操作后，len2 只能容纳 len1 的低 16 位，导致了与预期不一致的结果，即 len2 等于 0。

图 2-3   65 536 的存储示意图

2.3.2 实型数据

1. 实型类型

实型数据主要用于表示数学中的实数，在计算机中是以浮点数形式来存储和表示的。C 语言中的实型数据分为两种：单精度和双精度，分别以 float 和 double 关键字表示。实型数据所占的内存空间大小随机器系统而异。在 IBM PC MS-C 中，两种实型数据所占位数和数的范围如表 2-3 所示。

表 2-3   两种实型数据所占位数和数的范围

数据类型	有效数字	所占位数	数值范围约为
float	7	32	$10^{-38} \sim 10^{38}$
double	15～16	64	$10^{-308} \sim 10^{308}$

2. 实型变量

用数据类型符 float 或 double，可以将一个变量定义为单精度实型或双精度实型。例如：

```
float x; double y;
```

这是两个变量定义语句,其中第 1 个把 x 说明是为单精度实型的变量,它需要 4 个字节来存放其值;第 2 个把 y 说明为双精度实型的变量,它需要 8 个字节来存放其值。

由于实型数据提供的有效数字总是有限的,在有效位以外的数字将被舍去,由此可能会产生一些误差,在使用实型数据时需特别注意。

【例 2.4】 实型数据的舍入误差

```
#include<stdio.h>               /*头文件包含预处理命令*/
void main()
{
    float x,y;
    x=123456789e3;             /*将指数形式的浮点数赋值给变量 x*/
    y=x+20;
    printf("x=%f y=%f",x,y);
}
```

程序运行结果如下:

```
x=123456790528.000000  y=123456790528.000000
```

从程序运行结果可以看到,程序运行后输出 y 的值与 x 相等,这显然和预期不符。y=x+20;语句行的含义非常清楚,y 的理论值应是 123 456 789 020。由于一个 float 型变量只能接收 7 位有效数字,后面的数字是无意义的。所以运行程序得到的 x 和 y 值都是 123 456 790 528.000 000。可以看到,前 7 位是准确的,后几位是不起作用的,把 20 加在后几位上,是无意义的。

2.3.3 字符型数据

1. 字符类型

字符型数据如字母 A~Z、数字 0~9、%、& 等。C 语言中用"char"来表示字符类型。

在计算机内部,字符是以 ASCII 码的形式存储的,每个字符都对应一个 ASCII 码,请读者回顾例 1.9 字符型数据的输出。

2. 字符型变量

字符型变量用来存放字符常量,用数据类型符 char 可以将一个变量定义为字符型。例如:

```
char  ch;
```

定义变量 ch 是字符型的,它在内存中用 1 个字节来存放它的 ASCII 码值。

在 C 语言中没有专门的字符串变量,如果想将一个字符串存放到变量中,必须使用一个字符型数组来存放一个字符串,数组中每一个元素存放在一个字符,后面的章节将具体介绍。

2.3.4　数据类型转换

1. 数据类型的自动转换

前面已经涉及到整型和实型数据的混和运算,同时字符型数据可以与整数通用,因此整型、实型、字符型数据间可以混合运算。例如:1＋'a'＋2.5是合法的。在进行运算时,不同类型的数据先自动转换成同一类型,然后进行运算。转换规则如图 2-4 所示。

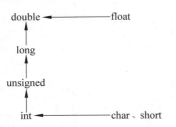

图 2-4　表达式中类型自动转换规则

图 2-4 中横向朝左的箭头表示必定的转换,即 char 和 short 型必须先转换成 int 型,而 float 型转换成 double 型。需要指出的是,两个均为 float 型的数据之间运算,也要先转换成 double 型,以提高运算精度。

纵向朝上的箭头表示当运算对象为不同类型时转换的方向,例如 int 型与 long 型数据进行运算,先将 int 型的数据转换成 long 型,然后两个同类型的数据进行运算,结果为 long 型。转换规律是由少字节向多字节转换。例如定义:i 为整型变量,f 为 float 型变量,d 为 double 型变量,e 为 long 型变量,于是表达式 10＋'a'＋i＊f－d/e 运算结果的数据类型为 double 型。

【例 2.5】　不同类型的变量间的运算。

```c
#include<stdio.h>          /*头文件包含预处理命令*/
void main()
{
    double num1;           /*定义双精度浮点型变量 num1*/
    int num2,sum;          /*定义整型变量 num2,sum*/
    num1=1;
    num2=2.5;
    sum=num1+num2;
    printf("num1+num2=%f\n",num1+num2);
    printf("sum=%d\n",sum);
}
```

程序运行结果:

```
num1+num2=3.000000
sum=3
```

在程序中,num1 被定义为浮点型变量,num2 被定义为基本整型变量。它们之间允许进行运算,运算结果为浮点型,但将 double 型的值 2.5 赋给 int 型的变量 num2 将丢掉小数点后的数值,即 num2 获得的值是整数 2,所以 num1＋num2 的值是 3.000000。但 sum 被定义为基本整型,因此最后输出 sum 的结果为基本整型。本例说明,不同类型的变量可以参与运算并相互赋值。其中的类型转换是由编译系统自动完成的。

2. 强制类型转换

以上的转换是计算机自动完成的,称为自动转换。C 语言中还可以采用"()"将某一

　　　　　　　　　　　　　C 语言程序设计案例教程(第 3 版)

种类型的数据转换成另一种类型数据,称为强制类型转换,其一般格式:

　　(类型名)表达式;

称为强制类型表达式,例如:

```
(float)I
(int)(f1+f2)
```

　　注意:强制类型表达式的作用只是将"(类型名)表达式;"中"表达式"的值强制转换为类型名所代表的类型,并不改变原有表达式中变量的数据类型。因此,假如 I 是整型,而表达式(float)I 的类型是 float 型,但 I 还是原先的整型。

　　无论是自动数据类型转换还是强制数据类型转换都是临时性的,它们都不能改变各个变量原有的数据类型和取值的大小。

2.4　运算符与表达式

　　运算是对数据进行加工处理,用来表示各种运算的符号称为"运算符"。C 语言运算符的种类非常多,不同的运算符可以构成不同的表达式,处理不同的问题。本节主要介绍算术运算符、赋值运算符、sizeof 运算符、位运算符以及它们所构成的表达式。

2.4.1　算术运算符与算术表达式

1. 基本算术运算符

　　C 语言提供了 5 个基本算术运算符,如表 2-4 所示。

表 2-4　算术运算符

运算符	名　　称	功　　能
＋	加法运算符(双目运算符)	求两个数相加之和。例如:6＋2＝8
	取正运算符(单目运算符)	表示一个数为正数。例如:＋5
－	减法运算符(双目运算符)	求两个数相减之差。例如:8－2＝6
	取负运算符(单目运算符)	表示一个数为负数。例如:－5
*	乘法运算符(双目运算符)	求两个数相乘之积。例如:6 * 2＝12
/	除法运算符(双目运算符)	求两个数相除之商。例如:6/2＝3
%	取模运算符(双目运算符)	求两个数相除之余数。例如:8％6＝2

　　其中:单目运算符是指允许一个运算量参与运算,双目运算符是指要求两个运算量参与运算。

　　除法运算符"/"的运算结果与运算对象的数据类型有关:如果两个运算对象都是整型的,则结果是取商的整数部分,舍去小数;如果两个运算对象中至少有一个是实型的,那么结果是实型的,即是一般的除法。

【例 2.6】 分析程序输出结果。

```
#include<stdio.h>              /*头文件包含预处理命令*/
void main()
{
    int x=26,y=8;
    float f=26.0;
    printf("26/8=%d\n",x/y);
    printf("26.0/8=%f\n",f/y);
}
```

程序运行结果如下：

```
26/8=3
26.0/8=3.250000
```

第一个 printf 语句输出 x/y 的值，即求分数 26/8 的结果。由于分子和分母都是整数，所以执行结果为 26/8＝3；第 2 个 printf 语句输出 f/y 的结果，这里被除数 f 是实数（f＝26.0），执行结果为 26.0/8＝3.250 000。

对于取模运算符"％"，参加运算的对象必须为整型数据，运算结果为两数相除的余数，符号则与被除数相同。例如：14％5 的结果是 4；13％（－3）的结果是 1；（－13）％3 的结果是－1。

2. 自增和自减运算符

C 语言提供了自增运算符"＋＋"和自减运算符"－－"。这两个运算符都是单目运算符，其运算对象只能是变量，数据类型限于整型和字符型。

自增和自减运算符具体操作是自动将运算对象实行加 1 或减 1，然后把运算结果回存到运算对象中。自增和自减运算符既可以作为前缀运算符，也可以作为后缀运算符。

（1）自增运算

自增运算是使变量的值加 1，分为两种情况：

① 前置运算：使用前自加 1。一般形式为：＋＋i，其中 i 是变量。表示在使用 i 之前使 i 加 1。例如：

```
int i=3,j;
j=++i;
```

则 j 的值为 4。

此例中"j＝＋＋i;"就是在将 i 赋值给 j 之前，将 i 加 1。因此"j＝＋＋i;"等价于"i＝i＋1;j＝i;"，即 i 的值先从 3 变为 4，再将 4 赋值给 j，结果：i＝4,j＝4。

② 后置运算：使用后自加 1。一般形式为：i＋＋，其中 i 是变量。表示在使用 i 之后使 i 加 1。例如：

```
int i=3,j;
j=i++;
```

则 j 的值为 3。

此例中"j＝i＋＋;"就是在将i赋值给j之后,将i加1。因此"j＝i＋＋;"等价于"j＝i;i＝i＋1;",即i的值3先赋给j,j的值变为3,再将i的值加1变为4,结果:i＝4,j＝3。

（2）自减运算

自减运算是使变量的值减1,也分为两种情况:

① 前置运算:使用前自减1。一般形式为:－－i,其中i是变量,表示在使用i之前使i减1。例如:

```
int i=3,j;
j=--i;
```

则j的值为2。

② 后置运算:使用后自减1。一般形式为:i－－,其中i是变量,表示在使用i之后使i减1。例如:

```
int i=3,j;
j=i--;
```

则j的值为3。

3. 算术表达式

用算术运算符和圆括号将运算对象(常量、变量和函数)连接起来的式子称为算术表达式。例如:5＋4＊3－2、a＋＋、(123＋a＊b)/c等都是算术表达式。

在使用表达式时要注意其书写形式和数学公式有差异,例如,公式b^2-4ac需写成b＊b－4＊b＊c。

2.4.2　赋值运算符和赋值表达式

C语言中的"＝"为赋值运算符。它可以将赋值符右边表达式的值赋给左边的变量。

1. 基本赋值运算符及表达式

由"＝"连接的式子称为赋值表达式。其一般格式为:

变量=表达式

例如:

```
a=3;
```

赋值表达式的功能为:计算表达式的值再赋给左边的变量,赋值运算具有右结合性。在进行赋值运算时要求赋值号右边运算量的数据类型和左边相同,如果数据类型不同,系统将自动进行类型转换。

如果一个赋值语句中有连续多个"＝"运算符,则其运算次序是先右后左,即自右向左结合。例如赋值语句:i＝j＝2等价于i＝(j＝2),即先求"j＝2"的值,然后再赋给i。

【**例2.7**】　求下面赋值表达的值和各变量的值。

a=b=c=10　　　　赋值表达式的值为10,a、b、c的值都为10。

```
a=4+(b=6)          赋值表达式的值为 10,a 的值为 10,b 的值为 6。
a=(b=6)/(c=2)      赋值表达式的值为 3,a 的值为 3,b 的值为 6,c 的值为 2。
```

2. 复合赋值运算符及表达式

在赋值符"＝"之前加上其他双目运算符可构成复合赋值运算符。引入复合运算符的作用是使语句简洁。由其连接的表达式的一般格式为:

变量 双目运算符=表达式;

等效于

变量=变量 双目运算符 表达式;

例如:

```
i+=3       等价于   i=i+3
a * =b+3   等价于   a=a * (b+3)
```

赋值表达式也可以包含复合赋值运算符。如:a＋＝a－＝a * a 也是一个赋值表达式。如果 a 的初值为 12,此赋值表达式的求解步骤如下:

① 先进行 a－＝a * a 的运算,它等价于 a=a－a * a=12－12 * 12=－132。
② 再进行 a＋＝－132 的运算,大致相当于 a=a＋－132=－132－132=－264。
最终整个赋值表达式的值为－264。

2.4.3 逗号运算符与逗号表达式

逗号运算符就是把逗号","作为运算符,利用它可以把若干个表达式"连接"在一起。这样构成的表达式,称为逗号表达式。其一般格式为:

表达式 1,表达式 2,表达式 3,…,表达式 n;

运算时,从左到右计算各个表达式的值,最后一个表达式的值就是逗号表达式的值。例如:

a=123,b=45,c=a+b;

最后一个表达式的值为 168,该逗号表达式的值为 168。

注意:逗号运算符的优先级是最低的。

【例 2.8】 分析程序输出结果。

```
#include<stdio.h>
int main()
{
    int a,b,c,d;
    d=(a=123,b=45,c=a+b);    /*将逗号表达式(a=123,b=45,c=a+b)的结果赋值给 d*/
    printf("a=%d\tb=%d\tc=%d\td=%d\n",a,b,c,d);
    d=a=123,b=45,c=a+b;
    /*d=a=123 是个子表达式,与其他两个表达式一起构成逗号表达式 d=a=123,b=45,c=a+b*/
```

```
        printf("a=%d\tb=%d\tc=%d\td=%d\n",a,b,c,d);
    }
```

程序运行结果如下：

```
a= 123    b= 45    c= 168    d= 168
a= 123    b= 45    c= 168    d= 123
```

2.4.4　sizeof 运算符

sizeof 运算符是一个单目运算符,它返回变量或类型的字节长度。它的使用形式是:

```
sizeof(运算对象)
```

其中运算对象可以是数据类型名、变量名、常量名等。例如:

```
sizeof(double)     为 8
sizeof(long)       为 4
```

注意:sizeof 运算符仅求其对象的长度,并不对运算对象进行求值计算,比如 sizeof(++i)并不对 i 进行自加运算。

2.4.5　运算符的优先级和结合性

各种运算符同时出现在一个表达式中时,运算的优先顺序(优先级)和结合规则(结合性)非常重要。表 2-5 给出了运算符的优先级和结合性。表中优先级大者较优先。表中结合性为"自左向右"是指在同一个表达式中出现多个同级运算符时按从左到右的方式逐个运算出相应的结果,而"自右向左"则是从右向左的方式逐个运算出相应的结果。

表 2-5　运算符的优先级和结合性

运算符	运　算　符	优先级	结合性
基本	（） ［］ -> .	15	自左向右
单目	! ~ ++ -- + - (type) * & sizeof	14	自右向左
算术	* / %	13	自左向右
	+ -	12	自左向右
移位	>> <<	11	自左向右
关系	< <= > >=	10	自左向右
	== ! =	9	
位逻辑	&	8	自左向右
	^	7	
	|	6	

运算符	运 算 符	优先级	结合性
逻辑	&&	5	自左向右
	||	4	
条件	?:（三目运算）	3	自右向左
赋值	= += -= * = /= %= |= ^= &= >>= <<=	2	自右向左
逗号	,	1	自左向右

【例 2.9】 已知代数表达式：$z=bp-(w\%-q)+((a+b)c)/x-y$，给出其相应的 C 语言表达式的运算顺序。

分析与说明：按题意得其相应的 C 语言的表达式和运算顺序如下。

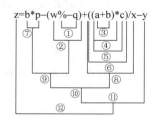

本例的运算顺序是：①完成 $w\%-q$、②完成 $(w\%-q)$、③完成 $a+b$、④完成 $(a+b)$、⑤完成 $(a+b)*c$、⑥完成 $((a+b)*c)$、⑦完成 $b*p$、⑧完成 $((a+b)*c)/x$、⑨完成 $b*p-(w\%-q)$、⑩完成 $b*p-(w\%-q)+((a+b)*c)/x$、⑪完成 $b*p-(w\%-q)+((a+b)*c)/x-y$、⑫完成最后的赋值。

2.4.6 案例分析：学生的总分及平均分计算

问题描述

输入某学生的三门成绩（高等数学，英语，计算机基础），并计算该学生的总分和平均分。

程序与注释

```
# include<stdio.h>
void main()
{
    int math,English,computer;          /* 定义 3 个整型变量存放学生的成绩 */
    int sum;                            /* 定义整型变量 sum 存放学生的总分 */
    double average;                     /* 定义双精度浮点型变量存放学生的平均分 */
    printf("请输入高等数学的成绩：\n");
    scanf("%d",&math);                  /* 输入数学成绩 */
    printf("请输入英语的成绩：\n");
    scanf("%d",&English);               /* 输入英语成绩 */
```

```
        printf("请输入计算机基础的成绩：\n");
        scanf("%d",&computer);               /* 输入计算机基础成绩 */
        sum=math+English+computer;           /* 计算三门成绩的总分 */
        average=sum/3.0;                     /* 计算三门成绩的平均分 */
        printf("该学生三门成绩的总分是%d,平均分是%.2f\n",sum,average);
}
```

程序运行结果如下：

请输入高等数学的成绩：
85
请输入英语的成绩：
90
请输入计算机基础的成绩：
94
该学生三门成绩的总分是 269,平均分是 89.67

分析与思考

由于单科成绩定义为整型,相加的结果仍为整型。平均分通常需保留小数点后两位,所以定义为 double 型。

在程序中,计算平均分的语句为 average＝sum/3.0;读者不妨思考并测试一下,将语句改写为 average＝(double)sum/3;。

2.5 本章小结

本章主要介绍了 C 语言中丰富的数据类型及它们的表示方法,阐述了常量和变量的概念及使用语法,也介绍了 C 语言中常用的运算符与表达式,并通过大量实例演示了它们的用法。

习 题

一、选择题

1. 下列常量中,合法的是(   )。
   A. 2e3.6   B. 'BASIC'   C. 0fc   D. 0x4d00
2. 下列选项中合法的 C 语言关键字是(   )。
   A. VAR   B. char   C. intger   D. default
3. 变量说明：char a＝'\72';则变量 a(   )。
   A. 包含一个字符   B. 包含 2 个字符   C. 包含 3 个字符   D. 不合法
4. C 语言中,两个运算对象都必须为整型数据的运算符是(   )。
   A. %   B. /   C. %和/   D. %和\

5. 以下有关增 1 和减 1 运算符中,正确的是(　　)。

    A. −−−a　　　　　B. ++100　　　　　C. a−b++　　　　　D. a++

6. 设 int x=11;则表达式(x++ * 1/3)的结果是(　　)。

    A. 5　　　　　　　B. 3　　　　　　　　C. 4　　　　　　　　D. 6

7. 在下列选项中,不正确的赋值表达式是(　　)。

    A. a=b+c=1　　　　　　　　　　　B. n1=(n2=(n3=0))

    C. k=I==j　　　　　　　　　　　　D. ++t

8. 设 x,y,z 和 k 都是 int 型变量,则执行表达式 x=(y=4,z=16,k=32)后 x 的值为(　　)。

    A. 4　　　　　　　B. 16　　　　　　　C. 32　　　　　　　D. 52

9. sizeof(double)是(　　)。

    A. 一种函数调用　　　　　　　　　B. 一个双精度表达式

    C. 一个整型表达式　　　　　　　　D. 一个不合法的表达式

10. 设 int b=2;表达式(b<<2)/(b>>1)的值是(　　)。

    A. 0　　　　　　　B. 2　　　　　　　　C. 4　　　　　　　　D. 8

二、填空题

1. 设有说明:char w;int x;float y;double z,则表达式 w * x+z−y 值的数据类型是_____。

2. 设 a 为 int 型变量,则执行表达式 a=36/5%3 后,a 的值为_____。

3. 若 a、b、c 均为 int 型变量,则执行表达式"a=(b=2) * (c=b * 2);"后 a 的值为_____,b 的值为_____,c 的值为_____。

4. 若 int a=6,x=3;则执行 x+=x−=a * x 后,x 的值为_____。

5. 表达式 a=3,a+=1,a+3,a++ 的值是_____。

6. 表达式 0x14&0x18 的值是_____。

7. 在字长为 16 位的 PC 机上,若有变量说明 int x;那么 sizeof(x)的值是_____。

三、程序分析题

1. 有如下程序,试给出其输出结果。

```c
#include "stdio.h"
void main()
{
    printf("a\bre\'hi\'y\\\bou\n");
}
```

2. 下面程序执行后,输出的结果是什么?

```c
#include<stdio.h>
void main()
{   int x;
    x=-5+4 * 3/5+6;
    printf("x=%d\t",x);
```

```
x=5%3+3%5-4;
printf("x=%d\t",x);
x=-3*6/(4%6);
printf("x=%d\t",x);}
```

3. 写出程序运行结果。

```
void mian()
{  int i,j,m,n;
   i=8;
   j=10;
   m=++i;
   n=j--;
   printf("%d,%d,%d,%d",i,j,m,n);
}
```

四、编程题

1. 从键盘输入一个大写字母,要求改用小写字母输出。

2. 设圆半径为 R=2.5,圆柱高 H=4,求圆周长、圆面积、圆球表面积、圆球体积、圆柱体积。用 scanf 输入数据,输出计算结果,输出时要有文字说明,取小数点后两位数字。

3. 完成一个简易的计算器,可以求解两个数的和、差、积、商、余数。注意数据类型的选用。

第 3 章　控制结构

一般情况下,程序中的代码按它们出现的顺序依次执行,这叫做"顺序执行"。若要改变代码的执行顺序,例如判断和选择,以及同一代码段的多次重复执行,就要用到控制结构。程序的控制结构主要包括三种:顺序结构、选择结构和循环结构。

本章通过一系列典型的实例,逐步介绍了算法的基础知识、流程图的绘制及各种控制结构语句的使用,最后为学生成绩管理系统编写了主界面。

3.1　算　　法

3.1.1　算法的概念

一般来说,算法是解决一个特定问题采用的特定的、有限的方法和步骤。利用计算机来解决问题需要编写程序,在编写程序前要对问题进行分析,设计解题的步骤与方法,也就是设计算法。算法的好坏决定了程序的优劣,因此,算法的设计是程序设计的核心任务之一。

从计算机应用的角度来说,算法是用于求解某个特定问题的一些指令的集合。用计算机所能实现的操作或指令,来描述问题的求解过程,就得到了这一特定问题的计算机算法。

计算机算法可分为两类:数值运算算法和非数值运算算法。前者主要用于各种数值运算,例如,线性方程组的求解;后者应用于各类事务管理领域。

3.1.2　算法的特性

尽管算法因求解问题的不同而千变万化、繁简各异,但它们都必须具备以下五个特性:

(1) 有穷性:一个算法必须在执行有限步之后结束,且每一步在有穷时间内完成。

(2) 确定性:算法中每一条指令必须有确切的含义,不存在二义性,且算法只有一个入口和一个出口。

(3) 可行性:算法描述的操作都是可以通过已经实现的基本运算执行有限次来实现的。

（4）输入：一个算法有零个或多个输入，为算法提供操作的数据。

（5）输出：一个算法总产生一个或多个输出，即算法的计算结果。

3.1.3　算法的描述

1．自然语言描述法

用人类自然语言（如中文、英文）来描述算法，同时还可插入一些程序设计语言中的语句来描述，这种方法也称为非形式算法描述。

比如求三个数的最大值问题，用自然语言可以描述为：先将两个数 num1 和 num2 进行比较，找出其较大者，然后再把它和第三个数 num3 进行比较，如果它比 num3 大，则它就是最大数，否则 num3 就是最大数。

这种方法的优点是不需要专门学习，任何人都可以直接阅读和理解，但直观性很差，复杂的算法难写、难读。

2．伪码表示法

这种算法很像程序，但它不能直接在计算机上编译运行。上例用伪码可表示为：

```
if num1>num2
    then 把 num1 交给 max
    else 把 num2 交给 max
if max>num3
    then 输出最大值 max
    else 输出最大值 num3
```

这种方法很容易编写、阅读，而且格式统一、结构清晰，专业人员经常用类 C 语言来描述算法。

3．流程图表示法

这是一种图形语言表示法，它用一些不同的图例来表示算法的流程，其常用符号如图 3-1 所示。

流程图表示算法，直观形象，易于理解。

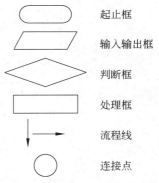

起止框

输入输出框

判断框

处理框

流程线

连接点

图 3-1　流程图的基本符号表示

3.1.4　三种基本结构和改进的流程图

一个算法的功能不仅与选用的操作有关，而且与这些操作之间的执行顺序有关。算法的控制结构给出了算法的执行框架，它决定了算法中各种操作的执行次序。

程序有三种基本结构：顺序结构、选择结构和循环结构。

1．顺序结构

顺序结构是程序设计中最简单、最常用的基本结构。把计算机要执行的各种处理依次排列起来。程序运行时，便从上向下地顺序执行这些语句，直至执行完所有语句行后停止。顺序结构的流程图如图 3-2 所示。

2. 选择结构

程序不是按照语句的排列顺序依次执行,而是根据给定的条件成立与否决定下一步选取哪条执行路径。选择结构的特点是:在各种可能的操作分支中,根据所给定的选择条件是否成立,来决定选择执行某一分支的相应操作,并且任何情况下均有"无论分支多少,仅选其一"的特性。选择结构的流程图如图 3-3 所示。

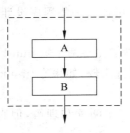

图 3-2　顺序结构流程图

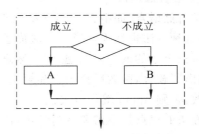

图 3-3　选择结构流程图

3. 循环结构

算法中有时需要反复地执行某种操作,循环控制就是指由特定的条件决定某些语句重复执行的控制方式。循环结构的流程图如图 3-4 和图 3-5 所示。

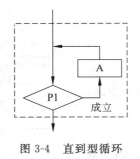

图 3-4　直到型循环

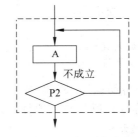

图 3-5　当型循环

3.2　选 择 结 构

选择结构是根据给定的条件成立与否,执行不同的语句或语句组。C 语言的选择结构主要有二路选择结构(if 选择结构)和多路选择结构(switch 选择结构)两种。

3.2.1　if 语句

if 语句是 C 语言最简单的流程控制语句。

1. 只有 if 语句

只有 if 分支,没有 else 分支。它的常见格式为:

```
if   (布尔表达式)
```

```
{
    代码块
}
```

它的含义是：如果布尔表达式的求值为真，则继续执行下面的代码块，否则跳过这个代码块，执行后面的语句，如图 3-6 所示。

表达式的值必须是布尔类型的，可以是布尔类型的常量或者变量、关系表达式或者逻辑表达式。代码块可以是一条语句或多条语句，如果只有一条语句，则包围该代码块的大括号不是必需的。

【例 3.1】 if 条件语句示例。

```
#include<stdio.h>
void main()
{
    int score=88;              /*读者试着将其改为 50,再运行程序*/
    if (score>=60)
        printf("祝贺您,成绩及格!\n");
    printf("现执行 if 后面的语句\n");
}
```

程序运行结果如下：

祝贺您,成绩及格!
现执行 if 后面的语句

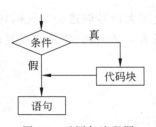

图 3-6　if 语句流程图

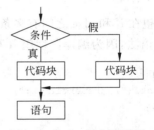

图 3-7　if-else 语句流程图

2. if-else 语句

if-else 语句根据判定条件的真假来执行两种操作中的一种，如图 3-7 所示。其基本格式为：

```
if    (布尔表达式)
{
    代码块
}
else
{
    代码块
```

}

表达式是任意一个返回布尔型数据的表达式,根据这个表达式的求值是"真"或"假"来决定选择哪个分支来执行,如果为"真",则执行 if 分支语句组;如果为"假",则执行 else 分支语句。

注意,这里的分支语句组如果只有一条语句,如一条单独的赋值语句或另一个完整的 if-else 语句,则不需要用大括号括起;否则分支中的所有语句都需要用大括号括起,构成复合语句。

【例 3.2】 if-else 条件语句示例。

```
#include<stdio.h>
void main()
{
    int score=50;                   /*请试着将其改为 88,再运行程序*/
    if (score>=60)
        printf("祝贺您,成绩及格!\n");
    else
        printf("很抱歉,成绩不及格!\n");
    printf("现执行 if 后面的语句\n");
}
```

程序运行结果如下:

很抱歉,成绩不及格!
现执行 if 后面的语句

如果希望在 if 和 else 之间有多条语句,必须使用大括号创建一个代码块。下面的结构违反了 C 语法,因为编译器期望 if 和 else 之间只有一条语句(单条的或复合的):

```
if(x>0)
    printf("Incrementing x:");
    x++;
else                             /*将产生一个错误*/
    printf("x<=0\n");
```

编译器会把 printf( )语句看作 if 语句的部分,将 x++;语句看作一条单独的语句,而不把它作为 if 语句的一部分。然后会认为 else 没有所属的 if,这是个错误。应该使用这种形式:

```
if(x>0)
{
    printf("Incrementing x:");
    x++;
}
else
    printf("x<=0\n");
```

if 语句使您能够选择是否执行某个动作。if-else 语句使您可以在两个动作之间进行选择。

3．if-else-if 语句

前两种形式的 if 语句一般都用于两个分支的情况。当有多个分支选择时，可采用 if-else-if 语句，如图 3-8 所示。其一般形式如下：

```
if   (布尔表达式)
{
    代码块
}
else if (布尔表达式)
{
    代码块
}
...
else if   (布尔表达式)
{
    代码块
}
else
{
    代码块
}
```

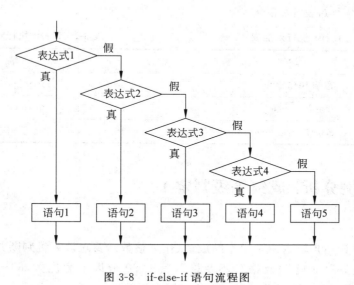

图 3-8　if-else-if 语句流程图

注意：在上面语句中 else 子句不能单独作为语句使用，它必须和 if 配对使用。else 总是与离它最近的 if 匹配，可以通过使用大括号（{}）来改变匹配关系。

4．else 与 if 配对

当有众多 if 和 else 的时候，计算机是怎样判断哪个 if 对应哪个 else 呢？例如，考虑下面的程序段：

```
if (number>6)
    if (number<12)
        printf("You're close!\n");
else
        printf("Sorry,you lose a turn!\n");
```

什么时候打印"Sorry,you lose a turn!"？是在 number 小于等于 6 时，还是在它大于等于 12 的时候？换句话说，这个 else 对应第一个还是第二个 if？当然是 else 对应第二个 if。具体响应，如表 3-1 所示。

上个例子的缩进使得 else 好像是与第一个 if 匹配。但要记住，编译器是忽略缩进的。如果真的希望 else 与第一个 if 匹配，可以这样写：

```
if (number>6)
{
    if (number<12)
        printf("You're close!\n");
}
else
    printf("Sorry,you lose a turn!\n");
```

现在可以得到如表 3-2 的响应。

表 3-1	if else 执行对应表		表 3-2	if else 执行对应表

number	输　　出
5	没有任何输出
10	You're close!
15	Sorry，you lose a turn!

number	输　　出
5	Sorry，you lose a turn!
10	You're close!
15	没有任何输出

3.2.2　案例分析：成绩等级判定 1

问题描述

编写程序，让用户输入一个学生的成绩（作为整数），要求计算机判断并输出该成绩的等级"优秀""良好""中等""及格""不及格"，其中 90 分以上为优秀，80～89 分为良好，70～79 分为中等，60～69 分为及格，60 分以下为不及格。

要点解析

程序的主要功能是判断成绩属于哪一个分数段，这可以用一个 if-else-if 控制语句来实现。

程序与注释

```
#include<stdio.h>
void main()
{
    int score;                 /*定义成绩变量*/
    printf("输入学生成绩(0-100):");
    scanf("%d",&score);         /*获取用户输入的成绩*/
    if (score>=90)
        printf("优秀!\n");
    else if(score>=80)
        printf("良好!\n");
    else if(score>=70)
        printf("中等!\n");
    else if(score>=60)
        printf("及格!\n");
    else
        printf("不及格!\n");
}
```

程序运行结果如下：

```
输入学生成绩(0-100):66
及格!
```

分析与思考

这是一个利用分支语句处理分段函数的案例,读者可以尝试将这种方法运用到更多实际问题中。

在以上案例中,如果用户输入的成绩不在 0～100 之间,如何修改程序以确保问题的正确性。

3.2.3　switch 语句

用 if-else 方式实现多分支的程序从视觉上看不是很清晰,而且逻辑也容易出错。作为一种替代方式,程序实现多条选择路径的另一种方法是使用 switch 语句,也叫开关语句,它根据一个表达式的多个可能值来选择要执行的代码段,其流程图与 if-else-if 语句相同,见图 3-8。其格式如下：

```
switch(表达式)
{
    case 常量表达式 1:语句块 1;
    case 常量表达式 2:语句块 2;
       …
    case 常量表达式 n:语句块 n;
```

```
        default              :语句块 n+1;
    }
```

它的含义是：计算表达式的值。并逐个与其后的常量表达式值相比较，当表达式的值与某个常量表达式的值相等时，即执行其后的语句，然后不再进行判断，继续执行后面所有 case 后的语句，直到遇到 break 结束，否则一直执行下去。如表达式的值与所有 case 后的常量表达式均不相同时，则执行 default 后的语句。

switch 后面圆括号中的表达式应该是具有整型值（包括 char 类型）。case 标签后面的常量表达式必须是整型（包括 char）常量或者整型常量表达式。不能用变量作为 case 的标签。在 case 后的各常量表达式的值不能相同，否则会出现错误。各 case 和 default 子句的先后顺序可以变动，而不会影响程序执行结果。在 case 子句中虽然包含一个以上的执行语句，但可以不必用花括号括起来，会自动顺序执行本 case 标号后面所有的语句。当然加上大括号也可以。多个 case 标签也可以共用一组执行语句，例如：

```
case 'A':
case 'B':
case 'C': printf(">60\n");break;
    ⋮
```

其中标签'A', 'B', 'C'共用同一组语句。其中 default 子句可以省略不用。

【例 3.3】 计算器程序。用户输入运算数和四则运算符，输出计算结果。

```
#include<stdio.h>
void main()
{
float num1,num2;                    /* 定义两个实型运算数 */
    char op;                        /* 定义运算符,可以是+,-,*,/中的任何一个 */
    printf("input expression: num1+(-,*,/)num2 \n");
    scanf("%f%c%f",&num1,&op,&num2); /* 获取用户输入的运算表达式 */
    switch(op)
{
    case '+':
        printf("%f\n",num1+num2);    /* 输出两个数的和 */
        break;
    case '-':
        printf("%f\n",num1-num2);    /* 输出两个数的差 */
        break;
    case '*':
        printf("%f\n",num1*num2);    /* 输出两个数的乘积 */
        break;
    case '/':
        printf("%f\n",num1/num2);    /* 输出两个相除的结果 */
        break;
    default:
```

C 语言程序设计案例教程(第 3 版)

```
        printf("input error\n");
    }
}
```

如输入 7/2,程序运行结果如下:

```
3.500000
```

请读者思考:以上案例为什么要使用 break 语句,尝试去掉某一个或多个 break 语句后会产生什么样的运行结果。

3.2.4　案例分析:成绩等级判定 2

问题描述

与上一案例"成绩等级判定 1"问题相同。即编写程序,让用户输入一个学生的成绩(作为整数),要求计算机判断并输出该成绩的等级"优秀""良好""中等""及格""不及格",其中 90 分以上为优秀,80~89 分为良好,70~79 分为中等,60~69 分为及格,60 分以下为不及格。

要点解析

该问题属于多分支结构,可以尝试使用 switch 语句来编写程序,但 switch 语句结构规定:case 语句后必须为常量表达式,不能是某一个分数段,这是编码时需要特别注意的地方。

程序与注释

```
#include<stdio.h>
void main()
{
    int score;                       /* 定义成绩变量 */
    printf("输入学生成绩(0-100): ");
    scanf("%d",&score);              /* 获取用户输入的成绩 */
    switch(score/10)
    {
        case 10:
        case 9:
            printf("优秀!\n");
            break;
        case 8:
            printf("良好!\n");
            break;
        case 7:
            printf("中等!\n");
            break;
        case 6:
            printf("及格!\n");
```

```
                break;
            default:
                printf("不及格!\n");
        }
    }
```

程序运行结果如下:

```
            输入学生成绩(0-100)：66
                    及格
```

分析与思考

这里我们使用百分制的分数 score 除以 10 的方式大幅减少了分支,因此,可以让 switch 语句变得简洁。另外,在使用 switch 语句时还应注意以下几点:(1)在 case 后的各常量表达式的值不能相同,否则会出现错误。(2)在 case 后,允许有多个语句,可以不用{}括起来。(3)各 case 和 default 子句的先后顺序可以变动,而不会影响程序执行结果。(4)default 子句可以省略不用。

3.3 循 环 结 构

循环结构是程序中一种很重要的结构。其特点是,在给定条件成立时,反复执行某程序段,直到条件不成立为止。给定的条件称为循环条件,反复执行的程序段称为循环体。C 语言中提供了三种常见的循环语句:for 语句、while 语句和 do-while 语句。很多情况下它们可以互相替换,也正因如此,在初级阶段,我们可以选择一两种熟练使用就行了。

3.3.1 for 循环

在 C 语言中,for 语句使用最为灵活。它的一般形式为:

for (表达式 1;表达式 2;表达式 3)
{
    循环体语句
}

它的执行过程如下:

(1) 先求解表达式 1。

(2) 求解表达式 2,若其值为真(非 0),则执行 for 语句中指定的内嵌语句,然后执行下面第(3)步;若其值为假(0),则结束循环,转到第(5)步。

(3) 求解表达式 3。

(4) 转回上面第(2)步继续执行。

(5) 循环结束,执行 for 语句下面的一个语句。

其执行过程可用图 3-9 表示。

for 语句最简单的应用形式也是最容易理解的形式如下：

```
for(循环变量赋初值;循环条件;循环变量增量)
{
    循环体语句
}
```

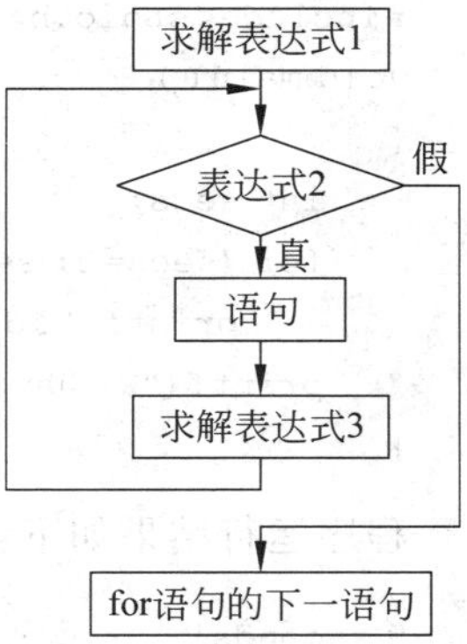

图 3-9　for 循环的流程图

【例 3.4】　在屏幕上打印自己的名字 10 遍。

```
#include<stdio.h>
void main()
{
    int i;                          /*定义循环变量*/
    for(i=0;i<10;i++)
        printf("Jack");
}
```

程序运行结果如下：

```
Jack Jack Jack Jack Jack Jack Jack Jack Jack Jack
```

【例 3.5】　计算 $1+2+3+\cdots+100$ 的结果。

```
#include<stdio.h>
void main()
{
    int i;                          /*定义循环变量*/
    int sum=0;                      /*求和变量初始化为 0*/
    for(i=1;i<=100;i++)
    sum+=i;
    printf("1+2+3…+100=%d\n",sum); /*输出结果*/
}
```

程序运行结果如下：

```
1+2+3…+100=5050
```

上面两个例子都是计数循环，它们循环执行预先确定的次数。在建立一个重复执行固定次数的循环时涉及三个动作：

（1）必须初始化一个计算器。

（2）计数器与某个有限的值进行比较。

（3）每次执行循环，计数器都要递增或递减。

for 循环把所有这三个动作都放在了一起，它们之间用分号分开。下面我们再看一个 for 循环的例子。

【例 3.6】　用减量运算符来减小计数器。

```
#include<stdio.h>
void main()
{
    int secs;
    for (secs=5; secs>0; secs--)
        printf("%d seconds!\n",secs);
    printf("We have ignition!\n");
}
```

程序运行结果如下：

```
5 seconds!
4 seconds!
3 seconds!
2 seconds!
1 seconds!
We have ignition!
```

当然根据需要,你也可以让计数器依次加 2,加 5,加 20 等。

【例 3.7】 使计数器增加 13。

```
#include<stdio.h>
void main()
{
    int n;
    for (n=2; n<60; n=n+13)
        printf("%d\n",n);
}
```

程序运行结果如下：

```
2
15
28
41
54
```

for 循环语句使用非常灵活,甚至可以让一个或多个表达式为空(但是千万不要遗漏分号)。只需确保在循环中包含了一些能使循环最终结束的语句。如例 3.8。

【例 3.8】 表达式为空的 for 循环。

```
#include<stdio.h>
void main()
{
    int ans,n;
    ans=2;
    n=3;
```

————————— C 语言程序设计案例教程(第 3 版)

```
        for (; ans<=25; )
            ans=ans * n;
        printf("n=%d; ans=%d.\n",n,ans);
}
```

程序运行结果如下：

```
n=3; ans=54.
```

如果 for 循环中,中间的控制表达式为空会被认为是真,所以下面的循环会永远执行,是个死循环,程序中应该尽量避免死循环,除非确实需要。

```
for (; ;)
    printf("I want some action\n");
```

for 循环的第一个表达式也不必初始化一个变量,它也可以是某种类型的其他语句。要记住第一个表达式只在执行循环的其他部分之前被求值或执行一次。

【例 3.9】 表达式为空的 for 循环。

```
#include<stdio.h>
void main()
{
    int num=0;
    for (printf("Keep entering numbers!\n"); num !=6; )
        scanf("%d",&num);
    printf("That's the one I want!\n");
}
```

这个程序只是把第一条消息打印一次,然后在输入 6 之前不断的接收数字。
程序运行结果如下：

```
Keep entering numbers!
3
5
8
6
That's the one I want!
```

【例 3.10】 求序列 $1+1/2+1/4+1/8+1/16+\cdots$ 的前几项的和。

```
#include<stdio.h>
void main()
{
    int t_ct;                          /* 项的计数器 */
    double time,x;
    int limit;                         /* 总共计算的项数 */
    printf("Enter the number of terms you want: ");
    scanf("%d",&limit);
```

```
for (time=0,x=1,t_ct=1; t_ct<=limit; t_ct++,x *=2.0)
{
    time+=1.0/x;
    printf("time=%f when terms=%d.\n",time,t_ct);
}
}
```

程序运行结果如下:

```
Enter the number of terms you want: 15
time=1.000000 when terms=1.
time=1.500000 when terms=2.
time=1.750000 when terms=3.
time=1.875000 when terms=4.
time=1.937500 when terms=5.
time=1.968750 when terms=6.
time=1.984375 when terms=7.
time=1.992188 when terms=8.
time=1.996094 when terms=9.
time=1.998047 when terms=10.
time=1.999023 when terms=11.
time=1.999512 when terms=12.
time=1.999756 when terms=13.
time=1.999878 when terms=14.
time=1.999939 when terms=15.
```

可以看出,尽管不断地添加新的项,总和看起来是变化不大的。数学家们确实证明了当项的数目接近无穷时,总和接近于 2.0,就像个程序运行的结果一样。

通过这个例子表明,for 循环中的表达式也可以是逗号表达式,如程序中 for 循环的第一个表达式 time＝0,x＝1,t_ct＝1;它就是由两个逗号组成的表达式,还有 for 循环的第三个表达式 t_ct＋＋,x *＝2.0 也是一个逗号表达式。这样构建的循环,程序本身就很简短了。总之,for 循环语句的使用非常灵活。

3.3.2　案例分析:计算平均成绩 1

问题描述

编写程序,先提示用户输入学生人数,然后依次输入所有学生的成绩,最后计算并输出平均成绩。成绩用实数来表示。

要点解析

本程序的主要功能是不断地输入学生的成绩并累加以得到总成绩,然后除以学生人数得平均值。这显然是个循环过程。由于一开始就输入学生人数,程序就知道有多少学生的成绩需要输入并累加,即知道循环重复的准确次数。而当确切地知道一个过程必须要重复的次数时,使用 for 语句是比较合适的。

程序与注释

```c
#include<stdio.h>
void main()
{
    int i;                                  /*定义循环变量*/
    int count;                              /*定义学生人数变量*/
    float score;                            /*定义成绩变量*/
    float sum=0;                            /*定义总分变量*/
    float average;                          /*定义平均分变量*/
    printf("请输入学生的人数：");           /*显示提示信息提示用户输入学生人数*/
    scanf("%d",&count);                     /*获取用户输入的学生人数*/
    if(count<=0)
        return;                             /*结束应用程序,也可写成 exit(0);*/
    for(i=0;i<count;i++)
    {
        printf("请输入第%d名学生的成绩：",i+1);
        scanf("%f",&score);                 /*获取用户输入的成绩*/
        sum+=score;                         /*计算总分*/
    }
    average=sum/count;                      /*计算平均分*/
    printf("平均成绩是：%.1f\n",average);    /*输出平均分,保留1位小数*/
}
```

程序运行结果如下：

```
请输入学生人数：3
请输入第 1 名学生的成绩：80
请输入第 2 名学生的成绩：70
请输入第 3 名学生的成绩：99
平均成绩是：83.0
```

分析与思考

程序的主要功能是读取 count 个学生的成绩并累加以得到总成绩,然后除以学生数得平均值。使用的是典型的累加算法,变量 sum 作为累加和应被初始化为 0。接下来是一个 for 语句,用于完成程序的主要功能。在 for 语句中,循环次数是由变量 i 来控制的,称为循环计数器变量。i 从 0 开始,每次循环增 1,直到达到 count 为止。

3.3.3   while 循环

while 循环先测试一个表达式,当表达式的值为真时,则会重复执行循环体,直到表达式的值为假。因此,while 循环又称为当型循环,适用于循环次数不确定的情况,其流程图如图 3-10 所示。其语法为：

```
while (表达式)
```

```
{
    循环体语句;
}
```

其中表达式的返回值为布尔型,循环体可以是单个语句,也可以是复合语句块,复合语句块要用大括号括起。

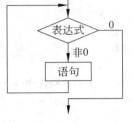

图 3-10　while 循环语句的流程图

while 语句的执行过程是先判断条件表达式的值,若为真,则进入和执行循环体,循环体执行完后再无条件转向条件表达式做计算与判断;当条件表达式的值为假时,跳过循环体执行 while 语句后面的语句。如果在程序执行过程中,while 语句中条件表达式的值始终为 true,则循环体会被无数次执行,进入到无休止的"死循环"状态中。这种情况在编写程序时一定要避免。

【例 3.11】　计算 $1+2+3+\cdots+100$ 的结果。

```c
#include<stdio.h>
void main()
{
    int i=1;                          /* 循环变量初始化 */
    int sum=0;                        /* 求和变量初始化为 0 */
    while(i<=100)                     /* 判断循环条件 */
    {
        sum+=i;
        i++;                          /* 循环变量自增 */
    }
    printf("1+2+3+…+100=%d\n",sum);   /* 输出结果 */
}
```

程序运行结果如下:

```
1+2+3…+100=5050
```

【例 3.12】　对用户输入的整数求和。

```c
#include<stdio.h>
void main()
{
    long num;
    long sum=0L;                      /* 把 sum 初始化为 0 */
    int status;
    printf("Please enter an integer to be summed ");
    printf("(q to quit): ");
    status=scanf("%ld",&num); /* 输入的数存于 num,将函数 scanf 的返回值赋给 status */
```

```
    while (status==1)                              /* ==的意思是 "等于" */
    {
        sum=sum+num;
        printf("Please enter next integer (q to quit): ");
        status=scanf("%ld",&num);
    }
    printf("Those integers sum to %ld.\n",sum);
}
```

程序运行结果如下：

```
Please enter an integer to be summed (q to quit): 44
Please enter next integer (q to quit): 33
Please enter next integer (q to quit): 88
Please enter next integer (q to quit): 121
Please enter next integer (q to quit): q
Those integers sum to 286.
```

以上程序中，语句：status ＝ scanf("％ld",＆num);中，％ld 是长整型的说明符，scanf()函数返回成功读入的数据项的个数。如果 scanf()函数成功读入了一个整数，就把这个整数放于 num 中,同时返回成功读入的整数个数 1,随后将 1 赋给 status。

该程序中 while（status ＝＝1），＝＝运算符是 C 的等于运算符;也就是说,这个表达式判断 status 是否等于 1。不要把它与 status ＝1 相混淆,后者把值 1 赋给 status。程序中只要 status 等于 1,循环就会重复执行。在每次循环中,循环体把 num 的当前值加到 sum 中,这样 sum 就始终保持为总和。要使程序正确运行,在每次循环中应该为 num 获取一个新值,并且重置 status 的值,所以循环中添加了语句:status ＝ scanf("％ld",＆num);,这样就更新了 num 和 status 的值,while 循环也经过了另一个周期。如果你输入的不是数字,例如输入 q,那么 scanf()就不能读入一个整数,所以它的返回值就是 0,status 也就是 0,这样循环的条件 status ＝＝1 就不能满足,循环将结束。

总之,因为 while 循环时一个入口条件循环,所以程序必须在进入循环之前获取输入并检查 status 的值。这就是程序在 while 之前有一个 scanf()调用的原因。要使循环继续进行,在循环中需要一个读语句,这样程序才可以得出下一个输入的状态。这就是程序在 while 循环的结尾处还有一个 scanf()的原因,它为下一次循环做准备。

在使用 while 时要谨记一点,只有位于判断条件之后的单个语句(简单语句或复合语句)才是循环的部分。缩进只是为了帮助读者而不是计算机。

【例 3.13】 while 循环举例——一个无限循环。

```
#include<stdio.h>
void main()
{
    int n=0;
```

```
while (n<3)
    printf("n is %d\n",n);
    n++;
printf("That's all this program does\n");
}
```

程序运行结果如下:

```
n is 0
n is 0
n is 0
n is 0
n is 0
...
```

程序运行不会结束,直到强行关闭这个程序为止。尽管这个例子缩进了 n++;语句,但是并没有把它和前面的语句放在一个大括号中。这样就只有紧跟在判断条件后的打印语句构成了循环部分。变量 n 永远不会得到更新。条件 n<3 一直保持为真,在强行关闭程序之前,它会不断打印 n is 0。

要记住 while 语句本身在语法上算作一个单独的语句,即使它使用了复合语句。该语句从 while 开始,到第一个分号结束;在使用了复合语句的情况下,到结束的大括号结束。

读者自己修改以上程序,使之成为一个有限次循环。

【例 3.14】 while 循环举例。

```
#include<stdio.h>
void main()
{
    int n=0;
    while (n++<3);                    /*第 5 行*/
        printf("n is %d\n",n);        /*第 6 行*/
    printf("That's all this program does\n");
}
```

程序运行结果如下:

```
n is 4
That's all this program does.
```

像前面所说的那样,循环在判断条件之后的第一个简单或复合语句处就结束了。在第 5 行的判断条件之后马上就有一个分号,循环将在此处终止,因为一个单独的分号也算是一个语句。第 6 行的打印语句就不是循环的一部分,所以 n 在每次循环都增加 1,而只在循环结束后打印。

在这个例子中,判断条件后紧跟一个空语句,它什么都不做。在 C 中,单独的分号代表空语句。有时候,程序员有意地使用带有空语句的 while 循环语句,因为所有的工作都在判断过程中进行。例如,假定想跳过输入直到第一个不为空格或数字的字符,可以使用这样的循环:

```
while (scanf("%d",&num)==1)
    ;                                    /*跳过整数输入*/
```

只要 scanf() 读入一个整数,它就返回 1,循环就会继续,直到输入非数字字符,循环就会终止。

【例 3.15】 输入字符序列,保留空格,改变其他字符。

```
#include<stdio.h>
#define SPACE ' '                        /* SPACE 相当于' '*/
void main()
{
    char ch;
    ch=getchar();                        /*读入一个字符*/
    while (ch !='\n')                    /*当输入的字符是'\n'时结束*/
    {
        if (ch==SPACE)                   /*空格不变*/
            putchar(ch);                 /*输出字符*/
        else
            putchar(ch+1);               /*改变输出字符*/
        ch=getchar();                    /*获取下一输入字符*/
    }
    putchar(ch);                         /*打印换行字符*/
}
```

程序运行结果如下:

CALL ME HAL.(为用户输入)
DBMM NF IBM/

该程序的功能是,输出输入的一行字符,但将每个非空格字符替换为该字符在 ASCII 码序列中的后一个字符。空格还是原样输出。

3.3.4 案例分析:计算平均成绩 2

问题描述

编写程序,反复从键盘读取用户输入的学生成绩,当用户输入−1时输入结束。程序计算并输出平均成绩。成绩用实数来表示。

要点解析

本程序的主要功能是不断地输入学生的成绩并累加以得到总成绩,然后除以学生数得平均值。因为不知道有多少成绩要输入,我们在这个算法里不宜采用计数循环,而采用

while 语句,构成适于解决这种问题的"当型"循环结构。

程序与注释

```c
#include<stdio.h>
void main()
{
    int i;                                  /* 定义循环变量 */
    int count=0;                            /* 定义学生人数变量,并初始化为 0 */
    float score;                            /* 定义成绩变量 */
    float sum=0;                            /* 定义总分变量 */
    float average;                          /* 定义平均分变量 */
    printf("请输入第 1 名学生的成绩: ");
    scanf("%f",&score);
    while(score!=-1)
        {
            sum+=score;                     /* 计算总分 */
            count++;                        /* 学生人数自增 */
            printf("请输入第%d名学生的成绩: ",count+1);
            scanf("%f",&score);             /* 获取用户输入的成绩 */
        }
    average=sum/count;                      /* 计算平均分 */
    printf("平均成绩是: %.1f\n",average);   /* 输出平均分,保留 1 位小数 */
}
```

程序运行结果如下:

```
请输入学生人数: 3
请输入第 1 名学生的成绩: 80
请输入第 2 名学生的成绩: 70
请输入第 3 名学生的成绩: 99
请输入第 4 名学生的成绩: -1
平均成绩=83.0
```

分析与思考

程序的主要功能是读取若干个学生的成绩并累加以得到总成绩,然后除以学生数得平均值。count 用来保存计数。由于不能预见一共有多少成绩输入,因此规定一个不可能出现的成绩-1 作为结束标记,所以每次循环开始以前,都要比较最近一次接受的成绩是否为-1,这里以 score 作为循环控制变量。为了保证第一次可以正确地进入循环体,需要在进入循环之前为 score 准备好合适的值,所以在循环之前预先读入一个成绩,而在每次循环结束之前读入下一个成绩,为下一次判断和计算做好准备,这是使用 while 循环通常的做法。

3.3.5　do-while 循环

while 循环是先判断再执行的方式,若要先执行再判断,可以采用 do-while 循环。它先执行循环中的语句,然后再判断表达式是否为真,

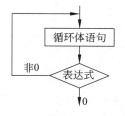

图 3-11　do-while 循环语句的流程图

如果为真,则继续循环;如果为假,则终止循环。因此,do-while 循环又称为直到型循环,适用于循环次数不确定的情况,其流程图如图 3-11 所示。要注意的是,do-while 循环至少要执行一次循环语句。其语法为:

```
do
{
    循环体语句;
} while (表达式);
```

【**例 3.16**】　计算 $1+2+3+\cdots+100$ 的结果。

```
#include<stdio.h>
void main()
{
    int i=1;                              /* 循环变量初始化 */
    int sum=0;                            /* 求和变量初始化为 0 */
    do
    {
        sum+=i;
        i++;                              /* 循环变量自增 */
    }while(i<=100);                       /* 判断循环条件 */
    printf("1+2+3+…+100=%d\n",sum);       /* 输出结果 */
}
```

程序运行结果如下:

```
1+2+3…+100=5050
```

请注意 do-while 循环本身是一个语句,因此它需要一个结束的分号。do-while 循环至少要被执行一次,因为在循环体被执行之后才进行判断。与之相反,for 或 while 循环可以一次都不执行,因为它们是在执行之前进行判断。应该把 do-while 循环仅用于那些至少需要执行一次循环的情况。

3.3.6　循环的嵌套

嵌套循环是指的是在一个循环体内包含另一个完整的循环结构。通常使用嵌套循环来按行按列显示数据。也就是说一个循环处理一行中的所有列,而另一个循环则处理所

有的行。如果内嵌的循环中还嵌套循环,这就是多重循环。

三种循环即 for 循环、while 循环、do-while 循环可以互相嵌套。

【例 3.17】 打印如下图案。

```
*
**
***
****
*****
#include<stdio.h>
void main()
{
    int i,j;                              /*定义循环变量*/
    for(i=1;i<=5;i++)
    {
        for(j=1;j<=i;j++)
          printf("*");
        printf("\n");                     /*每行打印完成需要换行*/
    }
}
```

该循环中,外层循环控制行,内层循环控制每行输出的列,其中内循环的结束条件依赖于外部循环,这样就使得每行打印符号的个数不同。

【例 3.18】 打印如下图案。

```
    *
   **
  ***
 ****
******
#include<stdio.h>
void main()
{
    int i,j;                              /*定义循环变量*/
    for(i=1;i<=5;i++)
    {
        for(j=1;j<=5-i;j++)
            printf(" ");                  /*打印空格*/
        for(j=1;j<=i;j++)
            printf("*");
        printf("\n");                     /*每行打印完成需要换行*/
    }
}
```

该循环中,外层循环控制行,内层循环控制每行输出的列,其中每行打印的符号由空格和"＊"号组成,因此程序用两个内层循环分别控制打印的空格和"＊"号。

【例3.19】 内循环依赖于外部循环的例子。

```c
#include<stdio.h>
void main()
{
    const int ROWS=6;                          /*声明整型常量 ROWS */
    const int CHARS=6;                         /*声明整型常量 CHARS */
    int row;
    char ch;
    for (row=0; row<ROWS; row++)
    {
        for (ch=('A'+row); ch<('A'+CHARS); ch++)
          printf("%c",ch);
        printf("\n");
    }
}
```

程序运行结果如下:

ABCDEF
BCDEF
CDEF
DEF
EF
F

该程序中,使用字符变量作为内循环的循环变量,其中内循环的一部分依赖于外部循环,这样可以使内部循环在每个周期中的表现不同。而内循环的循环变量作为输出的值,也使得每次输出的内容不一样。

读者可尝试打印如下图案:

```
     *          *****     *****     *********              1
    ***         ****      ****      *******              2 2 2
   *****        ***       ***       *****              3 3 3 3 3
  *******       **        **        ***              4 4 4 4 4 4 4
 *********       *          *         *              5 5 5 5 5 5 5 5 5
```

3.4 跳 转 语 句

在上述控制结构中,有时候还需要在结构中改变程序的执行,比如在 switch 语句中,使用了 break。此外,还可能在某种条件下跳出循环或进入下一轮循环。为了使程序员能自由控制程序的执行,C 语言提供了四种转向语句：break、continue、goto 和 exit 语句。

3.4.1　break 语句

break 语句通常用在循环语句和开关语句中。break 在 switch 中的用法已在前面介绍开关语句时的例子中碰到,这里不再举例。

当 break 语句用于 for、while、do-while 循环语句中时,可使程序终止 break 语句所在层的循环,通常 break 语句总是与 if 语句联在一起。即满足条件时便跳出循环,其流程图如图 3-12 所示。

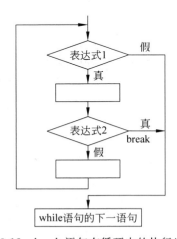

图 3-12　break 语句在循环中的执行过程

【例 3.20】　输出 100～200 之间的全部素数,要求每行输出 10 个数。

```c
#include<stdio.h>
#include<math.h>                    /* 使用平方根数学函数所需打开的库 */
void main()
{
    int m,k,i;
int n=0;                            /* n 表示素数的个数 */
    for(m=101;m<=200;m=m+2)
    {
        k=sqrt(m);                  /* 计算 m 的平方根 */
        for(i=2;i<=k;i++)
            if(m%i==0) break;
        if(i>=k+1)
        {
            printf("%d ",m);        /* 输出素数 */
            n++;                    /* 计算器自增 */
        }
        if(n%10==0) printf("\n");
    }
```

```
    printf("\n");
}
```

程序运行结果如下：

```
101 103 107 109 113 127 131 137 139 149
151 157 163 167 173 179 181 191 193 197
199
```

需要强调的是，break 语句只能跳出 switch 或循环语句的当前嵌套层次。如上例，
break 只能跳出内重 for 循环。

3.4.2 continue 语句

continue 语句的作用是跳过循环体中剩余的语句而强行执行下一次循环。continue
语句只用在 for、while、do-while 等循环体中，常与 if 条件语句一起使用，用来加速循环。
其执行过程如图 3-13 所示。

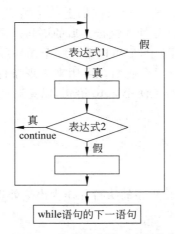

图 3-13 continue 语句在循环中的执行过程

【例 3.21】 计算数列 1＋2＋3＋5＋6＋7＋9＋…＋99 之和（不包括 4 的倍数）。

```
#include<stdio.h>
void main()
{
    int i;
    int sum=0;                /*定义求和变量*/
    for(i=1;i<=99;i++)
    {
        if(i%4==0)            /*等价于 if(!(i%4))*/
            continue;         /*如果 i 是 4 的倍数，不进行累加，直接进入下一轮循环*/
        sum+=i;
    }
```

```
    printf("1+2+3+5+6+7+9+…+99=%d\n",sum);
}
```

程序运行结果如下：

1+2+3+5+6+7+9+…+99=3750

需要强调的是,在多重循环语句中使用 continue 语句时,一个 continue 语句,只能短接当前循环中的本次循环。另外,应注意 break 语句与 continue 语句的区别。break 语句用于跳出当前循环,而 continue 语句用于结束本次循环进入下一轮循环。

3.4.3 goto 语句

goto 语句包括两个部分：goto 和一个语句标号。语句标号的命名遵循与命名变量相同的约定。goto 语句是一种无条件转移语句。其一般格式如下：

goto 语句标号;

其中标号是一个有效的标识符,这个标识符加上一个“：”一起出现在函数内某处,执行 goto 语句后,程序将跳转到该标号处并执行其后的语句。另外标号必须与 goto 语句同处于一个函数(第 4 章将详细介绍)中,但可以不在一个循环层中。

goto 语句通常与条件语句配合使用。可用来实现条件转移,构成循环,跳出循环体等功能。但是,在 C 中应尽量避免使用 goto 语句,以免造成程序流程的混乱,使理解和调试程序都产生困难。

3.4.4 exit 语句

exit 语句的功能是用来终止程序的执行并作为出错处理的出口。其一般格式如下：

exit(n);

当执行 exit(n)函数时,如果当前有文件在使用,则关闭所有已打开的文件,结束运行状态,并返回操作系统,同时把 n 的值传递给操作系统。在一般情况下,exit(n)函数中 n 的值为 0 表示正常退出,而 n 的值为非 0 时表示该程序是非正常退出。

3.3.2 节的案例分析,曾在主函数中使用 return 语句结束程序,也可使用 exit(0)退出。但在 VC 6.0 的环境中使用 exit 语句时,需要加入头文件 stdlib.h。

3.5 案例分析：学生成绩管理程序

问题描述

“学生成绩管理程序”是一套集学生信息录入、修改、查询、统计和显示为一体的管理信息系统,通过本章的学习,可以完成该系统主菜单选项的功能。

程序与注释

```c
#include<stdio.h>
#include<stdlib.h>
void main()
{
    char MenuItem;          /*定义一个用于存取用户输入的字符变量*/

    while(1)
    {
        /*输出菜单*/
        printf("\n ");
        printf("         |*********学生成绩管理系统***********|        \n");
        printf("         |---------------------------|        \n");
        printf("         |            主菜单项          |        \n");
        printf("         |---------------------------|        \n");
        printf("         |    1---录入学生信息         |        \n");
        printf("         |    2---修改学生信息         |        \n");
        printf("         |    3---查询学生信息         |        \n");
        printf("         |    4---统计学生成绩         |        \n");
        printf("         |    5---显示学生信息         |        \n");
        printf("         |    0---退出系统            |        \n");

        do
        {
        printf("\n        请输入选项(0-5): ");
        fflush(stdin);                      /*清空缓存*/
        scanf("%c",&MenuItem);              /*获取用户输入的字符*/
        getchar();
        }while(MenuItem<'0'||MenuItem>'5');     /*当用户输入的不是0~5之间的字符时循环*/

        switch(MenuItem)
        {
        case '1':
            printf("\n        欢迎进入录入学生信息界面!\n");
            printf("\n        建设中,敬请期待……\n");
            printf("\n        请按回车键继续……\n");
            getchar();
            break;
        case '2':
            printf("\n        欢迎进入修改学生信息界面!\n");
            printf("\n        建设中,敬请期待……\n");
            printf("\n        请按回车键继续……\n");
            getchar();
```

```
          break;
      case '3':
          printf("\n            欢迎进入查询学生信息界面!\n");
          printf("\n            建设中,敬请期待……\n");
          printf("\n            请按回车键继续……\n");
          getchar();
          break;
      case '4':
          printf("\n            欢迎进入统计学生信息界面!\n");
          printf("\n            建设中,敬请期待……\n");
          printf("\n            请按回车键继续……\n");
          getchar();
          break;
      case '5':
          printf("\n            欢迎进入显示学生信息界面!\n");
          printf("\n            建设中,敬请期待……\n");
          printf("\n            请按回车键继续……\n");
          getchar();
          break;
      case '0':
          printf("\n            谢谢使用!\n");
          printf("\n            请按回车键退出……\n");
          getchar();
          exit(0);
      }
  }
}
```

程序运行的主界面如图 3-14 所示。

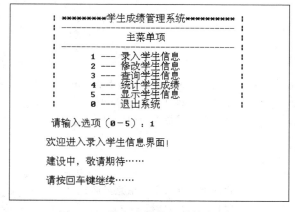

图 3-14   学生成绩管理系统主界面

C 语言程序设计案例教程(第 3 版)

分析与思考

以上程序灵活运用了 while 语句、do-while 语句、switch 语句以及 break 语句,请读者仔细体会它们在实际应用中的作用。另外,请读者思考,在以上案例中,为什么我们将用户的输入按字符进行处理,如果将 MenuItem 改为整型变量,可能产生什么问题。

本案例仅仅实现了"学生成绩管理系统"的菜单选项功能,读者可尝试完成其中的一两项功能,如输入和显示。由于尚未介绍"函数"章节,直接将代码实现放入主函数中,会使程序过于冗长,因此,各个部分的功能实现将根据后续章节的内容逐步完善。

3.6 本 章 小 结

本章主要讲解了 C 语言程序中程序的控制结构,包括顺序、分支及循环三种基本结构。C 语言为实现程序的结构化提供了很多帮助。

if 语句利用判断条件来控制程序是否执行紧跟在判断条件后的一个简单语句或代码块。如果判断条件表达式为非零值,执行语句;如果为零值,则不执行语句。if-else 语句使你可以从两个选项中进行选择。通过紧跟在 else 之后使用另一个 if 语句,可以建立在一系列可供选择的事物中进行选择的结构。

switch 语句使您能够从一系列以整数值作为标签的语句中进行选择。如果紧跟在 switch 关键字后的判断条件的整数值与某标签相匹配,执行就定位到由该标签定位的语句。然后执行继续完成紧跟在该标签语句后的语句,直到遇到一个 break 语句。

while 和 for 语句提供了入口条件循环,for 语句特别适合那些包含有初始化和更新的循环。在循环至少要被执行一次的情况下可以使用 do while 循环。

break、continue 是跳转语句,导致程序流程跳转到程序的其他位置。break 语句导致程序跳转到紧跟在包含它的循环或 switch 末尾的下一条语句。continue 语句导致程序跳过包含它的循环的剩余部分,开始下一循环周期。

习 题

1. 设 n 为自然数,n! = 1 * 2 * 3 * … * n,称为 n 的阶乘,并且规定 0! = 1。试编程计算 n!,n 由用户输入,将结果输出到屏幕上。

2. 输入一整数,输出该数为奇数还是偶数。用 if-else 语句。

3. 输入一整数,判断该数是否是素数。

4. 有以下一个函数,编写一个程序,输入 x 的值,输出 y 的值。

$$y = \begin{cases} x & (x<1) \\ 2x-1 & (1<=x<10) \\ 3x-11 & (x>=10) \end{cases}$$

5. 接收用户从键盘上输入的两个整数,求两个数的最大公约数和最小公倍数,并输出。

6. 给出一百分制成绩,要求输出成绩等级 A、B、C、D、E。90 分以上为 A,80～89 为 B,70～79 为 C,60～69 为 D,60 分以下为 E。

7. 计算并输出数列 $1-3+5-7+\cdots-99+101$ 的值。

8. 计算并输出数列 $1-1/3+1/5-1/7+1/9-1/11+\cdots+1/101$ 的值。

9. 编写一程序。该程序读取输入直到遇到♯字符,然后报告读取的空格数目、换行符数目以及读取的所有其他字符数目。

10. 电文加密。为了保密,往往对电文(原文)进行加密并形成密码文。简单的加密算法是:将字母 A 变成字母 I,a 变成 i,即变成其后的第 8 个字母。这样,U 变成 C,V 变成 D,等等。从键盘输入一串电文,输出其相应的密码。如输入:Welcome to our class. 则输出:Emtkwum bw wcz ktiaa。

11. Chuckie Lucky 赢了 100 万美元,他把它存入一个每年赢得 8% 的账户。在每年的最后一天,Chuckie 取出 10 万美元。编写一个程序,计算需要多少年 Chuckie 就会清空他的账户。

12. 编写一程序。该程序读取整数,直到输入 0。输入终止后,程序应该报告输入的偶数(不包括 0)总个数、偶数的平均值,输入的奇数总个数以及奇数的平均值。

13. 打印如下图案:

```
      *
    * * *
  * * * * *
* * * * * * *
  * * * * *
    * * *
      *
```

14. 打印九九乘法表,如图 3-15 所示。

```
1*1=1
1*2=2    2*2=4
1*3=3    2*3=6    3*3=9
1*4=4    2*4=8    3*4=12   4*4=16
1*5=5    2*5=10   3*5=15   4*5=20   5*5=25
1*6=6    2*6=12   3*6=18   4*6=24   5*6=30   6*6=36
1*7=7    2*7=14   3*7=21   4*7=28   5*7=35   6*7=42   7*7=49
1*8=8    2*8=16   3*8=24   4*8=32   5*8=40   6*8=48   7*8=56   8*8=64
1*9=9    2*9=18   3*9=27   4*9=36   5*9=45   6*9=54   7*9=63   8*9=72   9*9=81
Press any key to continue_
```

图 3-15　九九乘法表

15. 输入一正整数 N,输出 N 以内的所有完全数(完全数是指某个整数的因子之和与自身相等,例如:6 的因子为 3,2,1,因为 $3+2+1=6$,所以 6 是完全数)。

16. 计票器。假设一次选举中有 3 名候选人,20 人投票(一人一票,且只能选择一名候选人)请用循环结构实现一个计票器,统计每名候选人的得票数。在程序设计中,可以考虑给候选人编号为 1、2、3,投票时输入相应数字则表示投了该候选人一票,如果输入的数字不为 1/2/3,则表示是无效票,不予统计。

17. 猜数字游戏。假设一个数字（这个数由系统产生的一个随机数），由用户猜测该数字的值，猜测过程中计算机提示用户其输入的值偏大或偏小，直到用户输入正确后退出系统。（随机数产生的方法请上网查询）

18. 编写一个小型计算器。要求：(1)有简单运算选择界面；(2)采用循环实现菜单显示；(3)采用 switch 结构实现菜单的选择；(4)运算对象为两个操作数，从键盘输入；(5)运算结果输出。

19. 编写程序，要求输入一周中的工作小时数，然后打印工资总额、税金以及净工资。作如下假设：

a. 基本工资等级＝10.00 美元/小时。

b. 加班（超过 40 小时）＝1.5 倍的时间。

c. 税率　前 300 美元为 15%；

　　　　　下一个 150 美元为 20%；

　　　　　余下的为 25%。

用 ♯define 定义常量，不必关心本题是否符合当前的税法。

20. 修改上题中的假设 a，使程序提供一个选择工资等级的菜单。用 switch 选择工资等级。程序运行的开头应该像这样：

```
*********************************************************************
Enter the number corresponding to the desired pay rate or action:
1) $8.75/hr              2) $9.33/hr
3) $10.00/hr             4) $11.20/hr
5) quit
*********************************************************************
```

如果选择 1 到 4，那么程序应该请求输入工作小时数。程序应该一直循环运行，直到输入 5。如果输入 1 到 5 以外的选项，那么程序应该提醒用户合适的选项是那些，然后再循环。用 ♯define 为各种工资等级和税率定义常量。

第  章 数 组

　　程序员不可避免的需要处理大量的互相关联的数据,所以通常需要把具有相同类型的若干变量按有序的形式组织起来。这些按序排列的同类数据元素的集合称为数组。在C语言中,数组属于构造数据类型。一个数组可以分解为多个数组元素,这些数组元素可以是基本数据类型或是构造类型。因此按数组元素的类型不同,数组又可分为数值数组、字符数组、指针数组、结构体数组等各种类别。

　　本章介绍数值数组和字符数组,其余的在以后各章陆续介绍。

4.1　一 维 数 组

　　数组是一个由若干同类型变量组成的集合,引用这些变量时可用同一名字。数组均由连续的存储单元组成,最低地址对应于数组的第一个元素,最高地址对应于最后一个元素,数组可以是一维的,也可以是多维的。

　　现在,让我们来看一个例子。要求输入一个班 10 个学生的数学成绩,然后将它们输出。

　　首先,看一个不使用数组的程序。

```
/ * Not using arrays * /
#include<stdio.h>
void main()
{
    int v0,v1,v2,v3,v4,v5,v6,v7,v8,v9;                    / * 定义 10 个变量 * /
    scanf("%d%d%d%d%d%d%d%d%d%d",&v0,&v1,&v2,&v3,&v4,&v5,&v6,&v7,&v8,&v9);
                                                           / * 输入成绩 * /
    printf("These datas are:\n");
    printf("%d %d %d %d %d %d %d %d %d %d",v0,v1,v2,v3,v4,v5,v6,v7,v8,v9);
                                                           / * 输出成绩 * /

}
```

程序运行结果如下:

1 2 3 4 5 6 7 8 9 10

```
These datas are:
1 2 3 4 5 6 7 8 9 10
```

你会发现,程序中定义了 10 个变量来存放录入的数学成绩。这种做法好不好? 如果要处理 100 个学生的成绩甚至 1000 个学生的成绩,这种解决方案的不足会更加明显。

下面看看,改用数组后的程序。

```
/* Using arrays */
#include<stdio.h>
void main()
{
    int i;
    int a[10];                              /* 定义数组 a */
    for (i=0;i<10;i++)
        scanf("%d",&a[i]);                  /* 输入数组各元素值 */
    printf("These datas are:\n");
    for (i=0;i<10;i++)
        printf("%d",a[i]);                  /* 输出数组各元素值 */
}
```

程序运行结果如下:

```
1 2 3 4 5 6 7 8 9 10
These datas are:
1 2 3 4 5 6 7 8 9 10
```

表面上看,程序要复杂些。如果问题改为 100 个学生,可把程序中所有的 10 改成 100;当需要处理的是 1000 个学生的数学成绩,仅需将程序中所有的 10 修改为 1000 即可,否则,需要定义 1000 个变量才能存放 1000 个学生的数学成绩。

4.1.1　一维数组定义

在 C 语言中,使用数组同样遵循"先定义后使用"的原则。

一维数组的定义方式为:

类型说明符 数组名 [常量表达式];

例如:

```
int scores[5];       /* 定义名为 scores 的整型数组,有 5 个整型元素 */
float b[10],c[20]; /* 定义实型数组 b,有 10 个实型元素,实型数组 c,有 20 实型个元素 */
char name[10];       /* 定义字符数组 name,有 10 个字符元素 */
```

其中:

(1) 类型说明符是任意一种基本数据类型或构造数据类型。例如,int、float 或 char 等。类型说明实际上限制了数组元素的取值类型,对于同一个数组,其所有元素的数据类型都是相同的。

(2) 数组名是一个标识符，遵循标识符的命名规则。

例如：

```
int 2a[];
```

的定义是错误的，因为数组名不符合命名规范。

(3) 方括号是必需的，不能是圆括号或大括号，方括号中的常量表达式表示数据元素的个数，也称为数组的长度。如 scores[5]表示数组 scores 有 5 个元素，下标是从 0 开始。因此 scores 数组的 5 个元素分别为 a[0],a[1],a[2],a[3],a[4]。

(4) 常量表达式可以是常量和符号常量，最好用宏来定义数组尺寸，以适应未来的变化。

例如：

```
#define MAXSIZE 100
int student[MAXSIZE];
```

(5) 数组定义是 C 语句，因此分号也是必需的。

允许在同一个类型说明中，说明多个数组和多个变量，之间用逗号分开。

4.1.2　一维数组元素的引用

数组元素是组成数组的基本单元。数组的每个元素与普通变量没有任何区别，其访问方法为数组名后跟方括号，下标位于方括号中。下标表示了元素在数组中的顺序号，下标从 0 开始。

数组元素的一般形式为：

数组名[下标]

其中下标必须是整型值，可以是整型常量、整型变量或整型表达式。如为小数时，C 编译将自动取整。

例如：

```
# define N 100
int a[N];
a[5]=10;
```

其中下标的取值范围：$0 \sim N-1$，其中 N 为数组的大小。

例如，有如下语句：

```
int a[10],i=1,j=5;
a[i+j]=10;
```

其中数组元素下标的取值范围是从 0 到 9，a[5]、a[i+j]、a[i++]、a[j+2]都是合法的数组元素。

数组元素通常也称为下标变量。必须先定义数组，才能使用下标变量。在 C 语言中只能逐个地使用下标变量,而不能一次引用整个数组。

例如,输入或输出有 n 个元素的数组必须使用循环语句逐个输入或输出各下标变量:

```
for(i=0; i<n; i++)
    scanf("%d",&a[i]);
for(i=0; i<n; i++)
    printf("%d",a[i]);
```

而不能用一个语句输出整个数组。

下面的写法是错误的:

```
scanf("%d",a);
printf("%d",a);
```

注意:在程序中 C 不会检查数组的边界,因此访问越界不会导致语法错误,但是可能会覆盖其他数据或访问到不能访问的区域,对操作系统造成影响。

4.1.3 一维数组的初始化

定义数组之后,与普通变量一样,数组是没有初始值的,各存储单元的值都是不定的。给数组赋值的方法除了用赋值语句对数组元素逐个赋值外,还可采用初始化赋值和动态赋值的方法。

数组初始化赋值是指在数组定义时给数组元素赋予初值。数组初始化是在编译阶段进行的。这样将减少运行时间,提高效率。

初始化赋值的一般形式为:

类型说明符 数组名[长度]={数值 1,数值 2,…};

其中在{ }中的各数据值即为各元素的初值,各值之间用逗号间隔。

例如:

```
int data[10]={0,1,2,3,4,5,6,7,8,9};
```

相当于

```
a[0]=0;a[1]=1...a[9]=9;
int a[10]={0,1,2,3,4,5};
```

表示只给 a[0]~a[5]这 6 个元素赋值,而后 4 个元素自动赋 0 值。和下面语句的效果一样。

```
int a[10]={0,1,2,3,4,5,0,0,0,0};
int a[]={1,2,3,4,5};
```

相当于:

```
int a[5]={1,2,3,4,5};
```

C 语言对数组的初始化赋值还有以下几点规定:

（1）可以只给部分元素赋初值。

当{ }中值的个数少于元素个数时，只给前面部分元素赋值。其他没有赋初值的元素初值为 0。

（2）如给全部元素赋初值，则在数组说明中，可以不给出数组元素的个数。

（3）数组的赋值只能对数组元素单独操作，不能对数组整体操作。

例如：

```
double mylist[4];
mylist={1.9,2.9,3.4,3.5};
```

是错误的。

【例 4.1】 定义一数组，赋初值 3、4、5、7、10，然后输出。

```
#include<stdio.h>
void main()
{
    int a[5]={3,4,5,7,10};          /＊定义数组 a,并赋初值＊/
    int i;
    printf("array a:\n");           /＊输出提示＊/
    for(i=0;i<5;i++)
        printf("%3d",a[i]);         /＊输出数组元素,并控制输出格式＊/
}
```

程序运行结果如下：

```
array a:
  3 4 5 7 10
```

【例 4.2】 从键盘上输入 10 个学生的 C 语言成绩存放到数组中，求最高分并输出。

```
#include<stdio.h>
void main()
{
    int i,max,a[10];                /＊定义循环变量,存放最高分变量和数组＊/
    printf("enter data:\n");
    for(i=0;i<10;i++)
        scanf("%d",&a[i]);          /＊输入 10 个学生成绩并存放于数组＊/
    max=a[0];                       /＊假定 a[0]的元素值最大＊/
    for(i=1;i<10;i++)
        if(a[i]>max)
            max=a[i];               /＊将较大的数存放于 max＊/
    printf("最大数是%d\n",max);      /＊输出最高分＊/
}
```

程序运行结果如下：

```
enter data:
```

90 23 58 89 78 98 76 65 45 75
最大数是 98

程序中第一个 for 语句逐个输入 10 个数到数组 a 中。然后假定 a[0]为最大值把 a[0]送入 max 中。在第二个 for 语句中，从 a[1]到 a[9]逐个与 max 中的值进行比较，若比 max 的值大，则把该下标变量（即较大的值）送入 max 中，因此 max 总是在已比较过的下标变量中为最大者。比较结束，输出 max 的值。此解法的根本就是让 max 记下最大值。

案例采用的方法是用变量跟踪最大值，能否采用跟踪最大数相应的下标的方法解决此问题。若程序要求为求最低分，应怎样修改程序。读者不妨一试。

【例 4.3】　从键盘键入班级总人数，每个学生的学号及各科成绩，然后输出学生的平均成绩和班级的平均成绩。

```c
#include<stdio.h>

#define MAX 50                                     /* 宏定义学生人数最多为 50 */
void main()
{
    int i,StudentNum;                              /* 定义班级总人数控制循环 */
    int Chinese[MAX],Math[MAX],English[MAX];       /* 定义存储各科成绩的数组 */
    long StudentID[MAX];                           /* 定义存储学生学号的数组 */
    float average[MAX],ClassAverage;  /* 定义存储学生平均成绩和班级平均成绩的数组 */

    while(1)
    {
        printf("How many students are in your class? ");
        scanf("%d",&StudentNum);                   /* 输入班级的总人数 */
        if( StudentNum<1 || StudentNum>MAX )       /* 判断输入的人数是否有效 */
        {
            printf ( "StudentNum must be between 1 and % d. Press any key to
            continue",MAX);
            getch();
        }
        else
        {
            break;
        }
    }

    printf("Please input a StudentID and three scores:\n");
    printf("    StudentID Chinese Math    English\n");
    for( i=0; i<StudentNum; i++)                    /* 利用循环输入各科成绩 */
    {
        printf("No.%d>",i+1);
        scanf("%ld%d%d%d",&StudentID[i],&Chinese[i],&Math[i],&English[i]);
        average[i]=(Chinese[i]+Math[i]+English[i])/3;
```

```
        }

        for(ClassAverage=0,i=0; i<StudentNum; i++)        /*计算班级平均成绩*/
        {
            ClassAverage+=average[i];
        }
        ClassAverage /=StudentNum;

        puts("\nStudentNum     Chinese Math English Average");
        puts("--------------------------------------------------");
        for( i=0; i<StudentNum; i++)                       /*打印出整个班级的学生成绩*/
        {
            printf("%9ld %8d %8d %8d %8.1f\n",StudentID[i],Chinese[i],Math[i],
English[i],average[i]);
        }
        puts("--------------------------------------------------");
        printf("Average of the Class=%.2f\n",ClassAverage);


    }
```
—

程序运行结果如下：

```
How many students are in your class?2
Please input a StudentID and three scores:
    StudentID Chinese Math     English
No.1>111 44 77 77
No.2>112 77 77 77

StudentNum     Chinese    Math    English    Average
--------------------------------------------------
    111         44        77        77        66.0
    112         77        77        77        77.0
--------------------------------------------------
Average of the Class=71.50
```

程序利用一维数组的组合保存了整个班级的学生成绩，并进行了相应的数据处理。

4.1.4 案例分析：冒泡排序

问题描述

假设您是一位营养师，有顾客向您索取一份减肥菜谱。前提条件：您熟悉各种食物的热量。

要点解析

首先列出各种食物的热量，然后对各种食物的热量进行排序，最后选择热量低的食物。

采用冒泡排序方法进行排序。排序过程（假设元素存放在 a[0]—a[n—1]中，按递减排序）：

（1）比较第一个数与第二个数，如果 a[0]< a[1]，则交换；然后比较第二个数与第三个数；依次类推，直至第 n—1 个数和第 n 个数比较为止。第一趟冒泡排序结束，最小的数被安置在最后一个元素位置上。

（2）对前 n—1 个数进行第二趟冒泡排序，结果使次小的数被安置在第 n—1 个元素位置。

（3）重复上述过程，共经过 n—1 趟冒泡排序后，排序结束。

程序与注释

```
#include<stdio.h>
void main()                              /* 主函数 */
{    int i,j,temp,a[6];
     for (i=0; i<=5; i++)
     {    printf("请输入食物的热量 a[%d]=",i);
          scanf ("%d",&a[i]);
     }
     for ( i=0; i<=4; i++)               /* 冒泡排序,外层循环 */
     for ( j=0; j<=4-i; j++)             /* 内层循环 */
     {                                   /* 循环体,开始 */
          if ( a[j]<a[j+1] )             /* 如果 a[i]>a[i+1] */
          {    temp=a[j];                /* 让 a[i] 与 a[i+1] 交换 */
               a[j]=a[j+1];
               a[j+1]=temp;
          }
     }                                   /* 循环体结束 */
     printf("食物按热量从高到低的顺序显示为: \n");
     for ( i=0; i<=5; i++)               /* 输出排序结果 */
          printf("%d\n",a[i]);
}
```

程序运行结果如下：

请输入食物的热量 a[0]=80
请输入食物的热量 a[1]=67
请输入食物的热量 a[2]=75
请输入食物的热量 a[3]=90
请输入食物的热量 a[4]=45
请输入食物的热量 a[5]=120
食物按热量从高到低的顺序显示为：
120
90
80
75
67
45

分析与思考

在本例中，外循环控制冒泡排序的趟数，比如，一共有 n 个数据元素，那么冒泡排序的趟数就为 n−1;内循环控制每趟排序的比较次数和比较的数据元素。题目要求由大到小的顺序排序,因此每次比较相邻的两个元素时,前者小于后者就交换,否则继续循环。

若顾客要求按从低到高的顺序列出减肥菜谱,如何修改程序?

4.2　二　维　数　组

前面介绍的数组只有一个下标,称为一维数组,其数组元素也称为单下标变量。C 语言允许构造多维数组,多维数组元素有多个下标,以标识它在数组中的位置,所以也称为多下标变量。本小节只介绍二维数组,多维数组可由二维数组类推而得到。

4.2.1　二维数组的定义

二维数组定义的一般形式是:

类型说明符 数组名[常量表达式 1][常量表达式 2];

其中常量表达式 1 表示第一维下标的长度,常量表达式 2 表示第二维下标的长度。

例如:

int scores[3][3];

说明了一个三行三列的数组,数组名为 a,其下标变量的类型为整型。该数组的下标变量共有 3×3 个,即:

scores [0][0],scores [0][1],scores [0][2]
scores [1][0],scores [1][1],scores [1][2]
scores [2][0],scores [2][1],scores [2][2]

二维数组在概念上是二维的,即是说其下标在两个方向上变化,下标变量在数组中的位置也处于一个平面之中,而不是像一维数组只是一个向量。但是,实际的硬件存储器却是连续编址的,也就是说存储器单元是按一维线性排列的。如何在一维存储器中存放二维数组,可有两种方式:一种是按行排列,即放完一行之后顺次放入第二行。另一种是按列排列,即放完一列之后再顺次放入第二列。在 C 语言中,二维数组是按行排列的。

例如,可以把 scores 看作是一个一维数组,它有 3 个元素,scores[0]、scores[1]、scores[2]。每个元素又是一个包含 3 个元素的数组。因此,在内存中是这样排列的,先存放 a[0]行,再存放 a[1]行,最后存放 a[2]行。每行中有三个元素也是依次存放。由于数组 a 说明为 int 类型,该类型占四个字节的内存空间,所以每个元素均占有四个字节。

4.2.2　二维数组元素的引用

二维数组的元素也称为双下标变量,其表示的形式为:

数组名[下标][下标]

其中下标应为整型常量或整型表达式。

例如：

a[3][4]

表示 a 数组三行四列的元素。

下标变量和数组说明在形式中有些相似，但这两者具有完全不同的含义。数组说明的方括号中给出的是某一维的长度，即可取下标的最大值；而数组元素中的下标是该元素在数组中的位置标识。前者只能是常量，后者可以是常量，变量或表达式。

【例 4.4】 假设一个学习小组有 5 个人，每个人有三门课的考试成绩。

可设一个二维数组 a[5][3]存放五个人三门课的成绩。程序如下：

```
#include<stdio.h>
void main()
{
    int i,j,a[5][3];                        /*定义循环变量和二维数组*/
    for(i=0;i<5;i++)                        /*外重循环控制行*/
    {
        printf("请输入第%d个学生的 3 门课程成绩：",i+1);
         for(j=0;j<3;j++)                   /*内重循环控制列*/
            scanf("%d",&a[i][j]);           /*输入二维数组的数据元素*/
    }
    for(i=0;i<5;i++)
    {
        for(j=0;j<3;j++)
            printf("%4d",a[i][j]);          /*输出二维数组的数据元素*/
        printf("\n");
    }
}
```

程序运行结果如下：

请输入第 1 个学生的 3 门课程成绩：94 67 59
请输入第 2 个学生的 3 门课程成绩：34 87 89
请输入第 3 个学生的 3 门课程成绩：64 77 89
请输入第 4 个学生的 3 门课程成绩：74 65 80
请输入第 5 个学生的 3 门课程成绩：84 67 69
　94　67　59
　34　87　89
　64　77　89
　74　65　80
　84　67　69

程序中首先用了一个双重循环。在内循环中依次读入某一学生的各门课程的成绩。

外循环共循环 5 次,分别输入 5 名学生的成绩。

【例 4.5】 用二维数组实现矩阵转置,即将一个二维数组行和列的元素互换,存到另一个数组中。

```c
#include<stdio.h>
#define ROW 3                          /*宏定义矩阵的行数*/
#define COL 4                          /*宏定义矩阵的列数*/
main()
{
    int matrixA[ROW][COL],matrixB[COL][ROW];
                                       /*定义转置前后的两个二维数组存放矩阵*/
    int i,j;                           /*定义控制循环的变量*/

    printf("Enter elements of the matrixA,");
    printf("%d*%d:\n",ROW,COL);
    for( i=0; i<ROW; i++)              /*双重循环输入矩阵各个元素*/
    {
        for( j=0; j<COL; j++)
        {
            scanf("%d",&matrixA[i][j]);
        }
    }

    for( i=0; i<ROW; i++)              /*将原矩阵个元素按顺序放入转置矩阵*/
    {
        for( j=0; j<COL; j++)
        {
            matrixB[j][i]=matrixA[i][j];
        }
    }

    printf("MatrixB,");
    printf("%d*%d:\n",COL,ROW);
    for( i=0; i<COL; i++)              /*双重循环打印出转置矩阵*/
    {
        for( j=0; j<ROW; j++)
        {
            printf("%8d",matrixB[i][j]);
        }
        printf("\n");
    }
}
```

程序运行结果如下:

```
Enter elements of the matrixA,3 * 4:
1 2 3 4 5 6 7 8 9 10 11 12
MatrixB,4 * 3:
        1       5       9
        2       6       10
        3       7       11
        4       8       12
```

程序首先定义了两个数组 matrixA 和 matrixB,matrixA 为 3 行 4 列,matrixB 为 4 行 3 列。只要将 matrixA 中的元素 matrixA[i][j]存放到 matrixB 中的 matrixB[j][i]元素中即可。用一个双重 for 循环实现。

4.2.3　二维数组的初始化

二维数组初始化也是在类型说明时给各下标变量赋以初值。二维数组可按行分段赋值,也可按行连续赋值。

例如对数组 a[5][3]:

(1) 按行分段赋值可写为:

int a[5][3]={ {80,75,92},{61,65,71},{59,63,70},{85,87,90},{76,77,85} };

(2) 按行连续赋值可写为:

int a[5][3]={ 80,75,92,61,65,71,59,63,70,85,87,90,76,77,85};

这两种赋初值的结果是完全相同的。

对于二维数组初始化赋值还有以下说明:

(1) 可以只对部分元素赋初值,未赋初值的元素自动取 0 值。

例如:

int a[3][3]={{1},{2},{3}};

是对每一行的第一列元素赋值,未赋值的元素取 0 值。赋值后各元素的值为:

```
1 0 0
2 0 0
3 0 0
int a [3][3]={{0,1},{0,0,2},{3}};
```

赋值后的元素值为:

```
0 1 0
0 0 2
3 0 0
```

(2) 如对全部元素赋初值,则第一维的长度可以不给出。

例如:

```
int a[3][3]={1,2,3,4,5,6,7,8,9};
```

可以写为：

```
int a[][3]={1,2,3,4,5,6,7,8,9};
```

（3）数组是一种构造类型的数据。二维数组可以看作是由一维数组的嵌套而构成的。设一维数组的每个元素都又是一个数组，就组成了二维数组。当然，前提是各元素类型必须相同。根据这样的分析，一个二维数组也可以分解为多个一维数组。C 语言允许这种分解。

如二维数组 a[3][4]，可分解为三个一维数组，其数组名分别为：

```
a[0]
a[1]
a[2]
```

对这三个一维数组不需另作说明即可使用。这三个一维数组都有 4 个元素，例如：一维数组 a[0]的元素为 a[0][0]，a[0][1]，a[0][2]，a[0][3]。

必须强调的是，a[0]，a[1]，a[2]不能当作下标变量使用，它们是数组名，不是一个单纯的下标变量。

【例 4.6】 一个学习小组有 5 个人，每个人有三门课的考试成绩。计算全组各科平均成绩和各科总平成绩。

可设一个二维数组 a[5][3]存放五个人三门课的成绩。再设一个一维数组 v[3]存放所求得各分科平均成绩，设变量 average 为全组各科总平均成绩。编程如下：

```
#include<stdio.h>
void main()
{
    int i,j,s=0,average,v[3],a[5][3];
                                    /*定义循环变量,总成绩、平均成绩变量和二维数组*/
    printf("input score:\n");            /*提示输入*/
    for(i=0;i<3;i++)                     /*控制各科成绩*/
    {
        for(j=0;j<5;j++)                 /*控制每科 5 名学生成绩*/
        {
            scanf("%d",&a[j][i]);        /*输入*/
            s=s+a[j][i];                 /*累加求和*/
        }
        v[i]=s/5;                        /*每科平均成绩*/
        s=0;                             /*总成绩初值赋 0*/
    }
    average=(v[0]+v[1]+v[2])/3;          /*计算各科总平均成绩*/
    printf("math:%d\nc languag:%d\ndbase:%d\n",v[0],v[1],v[2]);    /*输出*/
    printf("total:%d\n",average );       /*输出*/
}
```

程序运行结果如下：

```
input score:
56 78 90 48 95
68 76 59 90 89
76 85 65 98 78
math:73
c languag:76
dbase:80
total:76
```

程序中首先用了一个双重循环。在内循环中依次读入某一门课程的各个学生的成绩，并把这些成绩累加起来，退出内循环后再把该累加成绩除以 5 送入 v[i] 之中，这就是该门课程的平均成绩。外循环共循环三次，分别求出三门课各自的平均成绩并存放在 v 数组之中。退出外循环之后，把 v[0]，v[1]，v[2] 相加除以 3 即得到各科总平均成绩。最后按题意输出各个成绩。注意对比例 4.3 的解法，体会多维数组的优势。

4.2.4 案例分析：简单学生成绩程序

问题描述

编写程序，实现简单学生成绩程序，假定输入的第 1 名学生的学号为 1，第 2 名学生学号为 2，依次类推。有如下功能要求：

（1）假设有 4 名学生 5 门课程，录入考试成绩；

（2）打印出该次考试中每个学生的成绩；

（3）根据学号查出学生的考试成绩；

（4）根据输入的学生学号，计算出其平均成绩和总成绩并输出。

要点解析

定义一个二维数组，一行表示一个学生的成绩，首先设计一个菜单供用户选择，再根据用户选择完成相应的功能，采用 switch 语句完成。

程序与注释

```c
#include<stdio.h>
#include<stdlib.h>
void main()
{
    int i,j,select;                    /*定义变量*/
    int score[4][5],sum=0;             /*定义二维数组、总成绩变量*/
    int x;
    do{
        printf("本程序有 4 项功能\n");      /*显示菜单*/
        printf("1、成绩录入\n");
        printf("2、计算学生的平均成绩和总成绩\n");
```

```c
printf("3、根据学号查询学生成绩 \n");
 printf("4、显示学生成绩表 \n");
printf("0、退出 \n");
printf("请输入选择 (0 - 4 ):");
scanf("%d",&select);                      /* 输入选择项 */
switch(select)                            /* 根据输入选择项,实现各种功能 */


{
case 0:
    printf("OK\n");
    exit(0);                              /* 选择 0,退出本系统 */
    break;
case 1:
    for(i=0; i<4; i++)                    /* 输入 4 名学生 5 门课程成绩 */
    {
        printf("请输入%d号学生的 5 门课程成绩:\n",i+1);
        for(j=0; j<5; j++)
         scanf("%d",&score[i][j]);
    }
    break;
case 2:
    printf("请输入学生的学号:\n");
    scanf("%d",&x);                       /* 输入要计算的学生学号 */
    sum=0;
    for(i=0; i<5; i++)
        sum+=score[x-1][i];               /* 将该学号的学生成绩累加到 sum 中 */
    printf("sum=%d\tave=%.2f\n",sum,sum/5.0);
                                          /* 输出其总成绩和平均成绩 */
    break;
case 3:
    printf("请输入学生的学号:\n");
    scanf("%d",&x);                       /* 输入查询的学生学号 */
    for(i=0; i<5; i++)                    /* 显示该学生学号 */
    {
        printf("第%d科成绩是%d\n",i+1,score[x-1][i]);
    }
    break;
case 4:
    for(i=0; i<4; i++)                    /* 输出所有学生的成绩 */
    {
        for(j=0; j<5; j++)
            printf("%4d",score[i][j]);
        printf("\n");
    }
```

```
            break;
        }
    }while(1);
}
```

程序运行结果如下:

本程序有 4 项功能
1、成绩录入
2、计算学生的平均成绩和总成绩
3、根据学号查询学生成绩
4、显示学生成绩表
0、退出
请输入选择(0-4):

分析与思考

从本例中可以看出,当涉及二维数组时,通常用两重 for 循环来存取元素。

如果题目要求按照学生总成绩进行从高到低的顺序排序,程序应该怎样修改?请读者思考完成此功能。

4.3 字 符 数 组

用来存放字符串的数组称为字符数组。

4.3.1 字符数组的定义

形式与前面介绍的数值数组相同。
例如:

char c[10];

由于字符型和整型通用,也可以定义为 int c[10]但这时每个数组元素占 4 个字节的内存单元。

字符数组也可以是二维或多维数组。
例如:

char c[5][10];

即为二维字符数组。

4.3.2 字符数组的初始化

字符数组也允许在定义时作初始化赋值。

例如：

```
char c[10]={'c',' ','p','r','o','g','r','a','m'};
```

赋值后各元素的值为：c[0]的值为'c',c[1]的值为' ',c[2]的值为'p',c[3]的值为'r',c[4]的值为'o',c[5]的值为'g',c[6]的值为'r',c[7]的值为'a',c[8]的值为'm'。c[9]未赋初值,系统自动赋予 0 值。

当对全部元素赋初值时也可以省去长度说明。

例如：

```
char c[]={'c',' ','p','r','o','g','r','a','m'};
```
这时 C 数组的长度自动定为 9。

4.3.3　字符数组的引用

【例 4.7】　字符数组引用举例。

```
#include<stdio.h>
void main()
{
    int i,j; '
    char a[][5]={{'B','A','S','I','C',},{'d','B','A','S','E'}};
                                            /*定义二维字符数组并赋值*/
    for(i=0;i<=1;i++)                       /*依次输出二维数组中的元素*/
    {
        for(j=0;j<=4;j++)
            printf("%c",a[i][j])            /*输出*/
        printf("\n");
    }
}
```

程序运行结果如下：

```
BASIC
dBASE
```

本例的二维字符数组由于在初始化时全部元素都赋以初值,因此一维下标的长度可以不加以说明。

4.3.4　字符串和字符串结束标志

在 C 语言中没有专门的字符串变量,通常用一个字符数组来存放一个字符串。前面介绍字符串常量时,已说明字符串总是以'\0'作为串的结束符。因此当把一个字符串存入一个数组时,也把结束符'\0'存入数组,并以此作为该字符串是否结束的标志。有了'\0'标志后,就不必再用字符数组的长度来判断字符串的长度了。

C 语言程序设计案例教程(第 3 版)

C 语言允许用字符串的方式对数组作初始化赋值。

例如：

```
char c[]={'c',' ','p','r','o','g','r','a','m','\0'};
```

可写为：

```
char c[]={"C program"};
```

或去掉{}写为：

```
char c[]="C program";
```

用字符串方式赋值比用字符逐个赋值要多占一个字节，用于存放字符串结束标志'\0'。上面的数组 c 在内存中的实际存放情况为如图 4-1 所示。

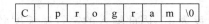

图 4-1   数组 C 在内存中的存储情况

'\0'是由 C 编译系统自动加上的。由于采用了'\0'标志，所以在用字符串赋初值时一般无须指定数组的长度，而由系统自行处理。

4.3.5   字符数组的输入输出

在采用字符串方式后，字符数组的输入输出将变得简单方便。

除了上述用字符串赋初值的办法外，还可用 printf 函数和 scanf 函数一次性输出输入一个字符数组中的字符串，而不必使用循环语句逐个地输入输出每个字符。

【例 4.8】 字符数组输出举例。

```
#include<stdio.h>
void main()
{
    char c[]="BASIC\ndBASE";        /* 定义字符数组并赋初值,字符串末尾自动添'\0' */
    printf("%s\n",c);               /* 输出字符串,遇'\0'结束 */
}
```

程序运行结果如下：

```
BASIC
dBASE
```

注意在本例的 printf 函数中，使用的格式字符串为"%s"，表示输出的是一个字符串。而在输出表列中给出数组名则可。不能写为：

```
printf("%s",c[]);
```

【例 4.9】 字符数组输入输出举例 1。

```
#include<stdio.h>
void main( )
{
    char st[15];                        /*定义字符数组*/
    printf("input string:\n");
    scanf("%s",st);                     /*输入字符串*/
    printf("%s\n",st);                  /*输出字符串*/
}
```

程序运行结果如下:

```
input string:
this is a book
this
```

程序中由于定义数组长度为15,因此输入的字符串长度必须小于15,以留出一个字节用于存放字符串结束标志'\0'。应该说明的是,对一个字符数组,如果不作初始化赋值,则必须说明数组长度。还应该特别注意的是,当用 scanf 函数输入字符串时,字符串中不能含有空格、Tab、回车,否则将以空格、Tab、回车作为串的结束符。

从输出结果可以看出空格以后的字符都未能输出。为了避免这种情况,可多设几个字符数组分段存放含空格的串。

程序改写如例 4.10。

【例 4.10】 字符数组输入输出举例 2。

```
#include<stdio.h>
void main()
{
    char st1[6],st2[6],st3[6],st4[6];        /*定义四个字符数组*/
    printf("input string:\n");
    scanf("%s%s%s%s",st1,st2,st3,st4);       /*输入字符串*/
    printf("%s %s %s %s\n",st1,st2,st3,st4); /*输出字符串*/
}
```

程序运行结果如下:

```
input string:
this is a book
this is a book
```

本程序分别设了四个数组,输入的一行字符的空格分段分别装入四个数组。然后分别输出这四个数组中的字符串。

在前面介绍过,scanf 的各输入项必须以地址方式出现,如 &a,&b 等。但在前例中却是以数组名方式出现的,这是为什么呢?

这是由于在 C 语言中规定,数组名就代表了该数组的首地址。整个数组是以首地址开头的一块连续的内存单元。

如有字符数组 char c[10],在内存可表示如图 4-2 所示。

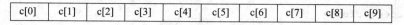

| c[0] | c[1] | c[2] | c[3] | c[4] | c[5] | c[6] | c[7] | c[8] | c[9] |

图 4-2　数组 c 在内存中的表示

设数组 c 的首地址为 2000,也就是说 c[0]单元地址为 2000。则数组名 c 就代表这个首地址。在执行函数 printf("％s",c) 时,按数组名 c 找到首地址,然后逐个输出数组中各个字符直到遇到字符串终止标志'\0'为止。

4.3.6　字符串处理函数

C 语言提供了丰富的字符串处理函数,大致可分为字符串的输入、输出、合并、修改、比较、转换、复制、搜索几类。使用这些函数可大大减轻编程的负担。用于输入输出的字符串函数,在使用前应包含头文件"stdio.h",使用其他字符串函数则应包含头文件"string.h"。

下面介绍几个最常用的字符串函数。

1. 字符串输出函数 puts

格式:

puts(字符数组名)

功能:把字符数组中的字符串输出到显示器。即在屏幕上显示该字符串。

【例 4.11】　字符串输出函数举例。

```
#include<stdio.h>
void main()
{
    char c[]="BASIC\ndBASE";                    /*定义字符数组并赋初值*/
    puts(c);                                     /*输出字符数组*/
}
```

程序运行结果如下:

BASIC
dBASE

从程序中可以看出 puts 函数中可以使用转义字符,因此输出结果成为两行。puts 函数完全可以由 printf 函数取代。当需要按一定格式输出时,通常使用 printf 函数。

2. 字符串输入函数 gets

格式:

gets　(字符数组名)

功能:从标准输入设备键盘上输入一个字符串。

本函数得到一个函数值,即为该字符数组的首地址。

【例 4.12】 字符串输入函数举例。

```
#include<stdio.h>
void main()
{
    char st[15];                        /*定义字符数组*/
    printf("input string:\n");
    gets(st);                           /*输入字符串*/
    puts(st);                           /*输出字符串*/
}
```

程序运行结果如下：

```
input string:
this is a book
this is a book
```

可以看出当输入的字符串中含有空格时,输出仍为全部字符串。说明 gets 函数并不以空格作为字符串输入结束的标志,而只以回车作为输入结束。这是与 scanf 函数不同的。

3. 字符串连接函数 strcat

格式:

strcat (字符数组名 1,字符数组名 2)

功能:把字符数组 2 中的字符串连接到字符数组 1 中字符串的后面,并删去字符串 1 后的串标志'\0'。本函数返回值是字符数组 1 的首地址。

【例 4.13】 字符串连接函数举例。

```
#include<stdio.h>
#include<string.h>
void main()
{
    char st1[30]="My name is ";        /*定义字符数组并赋初值*/
    int st2[10];                        /*定义字符数组*/
    printf("input your name:\n");
    gets(st2);                          /*输入字符串*/
    strcat(st1,st2);                    /*连接两字符串*/
    puts(st1);                          /*输出字符串*/
}
```

程序运行结果如下:

```
input your name:
jake
My name is jake
```

本程序把初始化赋值的字符数组与动态赋值的字符串连接起来。要注意的是,字符数组 1 应定义足够的长度,否则不能全部装入被连接的字符串。

4. 字符串复制函数 strcpy

格式:

strcpy (字符数组名 1,字符数组名 2)

功能:把字符数组 2 中的字符串复制到字符数组 1 中。串结束标志"\0"也一同复制。字符数名 2,也可以是一个字符串常量。这时相当于把一个字符串赋予一个字符数组。

【例 4.14】 字符串复制函数举例。

```
#include<stdio.h>
#include"string.h"
void main()
{
    char st1[15],st2[]="C Language";      /*定义字符数组*/
    strcpy(st1,st2);                      /*将字符串 st2 复制到字符串 st1 中*/
    puts(st1);                            /*输出字符串*/
     printf("\n");
}
```

程序运行结果如下:

C Language

本函数要求字符数组 1 应有足够的长度,否则不能全部装入所复制的字符串。

5. 字符串比较函数 strcmp

格式:

strcmp(字符数组名 1,字符数组名 2)

功能:按照 ASCII 码顺序比较两个数组中的字符串,并由函数返回值返回比较结果。

$$字符串 1＝字符串 2,返回值＝0;$$
$$字符串 2＞字符串 2,返回值＞0;$$
$$字符串 1＜字符串 2,返回值＜0。$$

本函数也可用于比较两个字符串常量,或比较数组和字符串常量。

【例 4.15】 字符串比较函数举例。

```
#include<stdio.h>
#include<string.h>
void main()
{
    int k;
    char st1[15],st2[]="C Language";      /*定义字符数组*/
    printf("input a string:\n");
```

```
    gets(st1);                                        /*输入字符串*/
    k=strcmp(st1,st2);                                /*比较字符串 st1 和字符串 st2 的大小*/
    if(k==0) printf("st1=st2\n");                     /*输出比较结果*/
    if(k>0) printf("st1>st2\n");                      /*输出比较结果*/
    if(k<0) printf("st1<st2\n");                      /*输出比较结果*/
}
```

程序运行结果如下：

```
input string:
dbase
st1>st2
```

本程序中把输入的字符串和数组 st2 中的串比较，比较结果返回到 k 中，根据 k 值再输出结果提示串。当输入为 dbase 时，由 ASCII 码可知 dBASE 大于 C Language 故 k>0，输出结果"st1>st2"。

6. 测字符串长度函数 strlen

格式：

```
strlen(字符数组名)
```

功能：测字符串的实际长度(不含字符串结束标志'\0')并作为函数返回值。

【例 4.16】 字符串长度函数举例。

```
#include<stdio.h>
#include<string.h>
void main()
{   int k;
    char st[]="C language";                           /*定义字符数组并赋初值*/
    k=strlen(st);                                     /*求字符串长度*/
    printf("The lenth of the string is %d\n",k);
                                                      /*输出结果*/
}
```

程序运行结果如下：

```
The lenth of the string is 10
```

4.3.7 案例分析 1：输入五个国家的名称按字母顺序排列输出

问题描述

从键盘输入五个国家的名称，然后按字母顺序排列输出。

要点解析

五个国家名应由一个二维字符数组来处理。然而 C 语言规定可以把一个二维数组当成多个一维数组处理，因此本题又可以按五个一维数组处理，而每一个一维数组就是一个国家名字符串。用字符串比较函数比较各一维数组的大小,并排序,输出结果即可。

程序与注释

```c
#include<stdio.h>
#include<string.h>
void main()
{
    char st[20],cs[5][20];                    /* 定义字符数组 */
    int i,j;
    printf("input country's name:\n");
    for(i=0;i<5;i++)                          /* 输入 5 个国家的名称 */
    gets(cs[i]);
    for(i=0;i<4;i++)                          /* 采用冒泡排序法对 5 个国家的名称进行排序 */
    {
        for(j=0;j<4-i;j++)
            if(strcmp(cs[j],cs[j+1])>0)       /* 若前者大于后者,则交换 */
            {
                strcpy(st,cs[j]);             /* 复制字符串 */
                strcpy(cs[j],cs[j+1]);        /* 复制字符串 */
                strcpy(cs[j+1],st);           /* 复制字符串 */
            }
    }
printf("output country's name:\n");
    for(i=0;i<5;i++)                          /* 输出排序后的国家名称 */
        puts(cs[i]);
    printf("\n");
}
```

程序运行结果如下:

```
input country's name:
China
America
Japan
Spain
Australia
output country's name:
America
Australia
China
Japan
Spain
```

分析与思考

本程序的第一个 for 语句中,用 gets 函数输入五个国家名字符串。上面说过 C 语言允许把一个二维数组按多个一维数组处理,本程序说明 cs[5][20]为二维字符数组,可分为五个一维数组 cs[0],cs[1],cs[2],cs[3],cs[4],因此在 gets 函数中使用 cs[i]是合法的。在第二个 for 语句中又嵌套了一个 for 语句组成双重循环,即冒泡排序法对 5 个国家的名称进行排序。因此这个双重循环完成按字母顺序排序的工作,然后输出排序后的字符串。

4.3.8 案例分析 2:将无符号整数 n 翻译成 d(2≤d≤16)进制表示的字符串 s

问题描述

将定义的无符号整数 253 翻译成进制分别为 2,3,10,16,1 的字符串。

要点解析

首先将 253 需要转换的进制用一个一维数组来存储。转换结束之后的字符串也应该由一个一维数组来存储。

程序与注释

```
#include<stdio.h>
#define M sizeof(unsigned int)*8
void main()
{
    unsigned int num=253,no=num;
    int scale[]={2,3,10,16,1};
    char str[33];
    int i,j,k=M,result;
    static char digits[]="0123456789ABCDEF";    /*十六进制数字的字符*/
    char buf[M+1];

    for(i=0;i<sizeof(scale)/sizeof(scale[0]);i++)
    {
        num=no;
        if(scale[i]<2||scale[i]>16)
        {
            str[0]='\0';                          /*不合理的进制,置 s 为空字符串*/
            result=0;                             /*不合理的进制,result 置 0*/
        }
        else
        {
            buf[k]='\0';
            do
            {
                buf[--k]=digits[num%scale[i]];
                                /*译出最低位,对应字符存入对应数组中*/
                num/=scale[i];
            }while(num);
```

```
                /*复制字符串到数组 str*/
                for(j=0;(str[j]=buf[k])!='\0';j++,k++);

                result=j;                              /*合理的进制,将 j 值赋给 result*/
            }
            if(result!=0)
                printf("%5d=%s(%d)\n",no,str,scale[i]);
            else
                printf("%5d=>(%d) Error! \n",no,scale[i]);

        }
}
```

程序运行结果如下:

```
253=11111101(2)
253=100101(3)
253=253(10)
253=FD(16)
253=>(1) Error!
```

分析与思考

本程序用一维数组存放了十六进制数字的字符,用循环取余的方式进行各种进制的
转换,并对进制的合理性进行了判断,最终显示了 253 转换成二进制、三进制、十进制、十
六进制的结果。请修改程序,尝试将其他整数转换成其他进制,并分析运行结果。

4.4　本章小结

数组是程序设计中最常用的数据结构。数组可分为数值数组(整数组,实数组),字符
数组以及后面将要介绍的指针数组、结构数组等。数组可以是一维的、二维的或多维的。
数组类型说明由类型说明符、数组名、数组长度(数组元素个数)三部分组成。数组元素又
称为下标变量。数组的类型是指下标变量取值的类型。对数组的赋值可以用数组初始化
赋值,输入函数动态赋值和赋值语句赋值三种方法实现。对数值数组不能用赋值语句整
体赋值、输入或输出,而必须用循环语句逐个对数组元素进行操作。

习　题

1. 假设某班有 10 名学生,C 语言成绩分别为：65、75、45、80、90、60、39、95、78、55。
采用一维数组计算出平均分并输出。

2. 请编写个程序,实现某大奖赛现场为一名选手打分,有 8 个评委,去掉一个最低分
和一个最高分的平均分为最终得分。(注:满分为 100,最低分为 0 分)

3. 编写函数,对具有 10 个整数的数组进行如下操作:从第 n 个元素开始直到最后一个元素,依次向前移动一个位置,输出移动后的结果。

4. 从键盘输入 5 名学生的 C 语言成绩保存到数组中,求总分、平均分、最高分、最低分并输出。

5. 从键盘输入 10 个整数保存到数组中,求值最小的元素,将这个值最小的元素与数组的第一个元素交换。最后输出整个数组。

6. 编程实现将给定的一个二维数组(2×3)进行转置,即行列互换,并输出。

7. 定义一 4 行 5 列的数组,从键盘输入每一行的前 4 列,并计算每一行的平均值将其存入每一行的最后一列,最后将该数组输出。

8. 用户输入一行字符,要求分别统计出其中英文大写字母、小写字母、数字、空格以及其他字符的个数。

9. 输入一个字符串,统计其中单词的个数,单词之间用空格隔开。

例如:输入 Nice to meet you,输出 4 个单词。

10. 有一行电文,已按下面规律译成密码:

A-Z a-z
B-Y b-y
C-X c-x
  ⋮

即第一个字母变成第 26 个字母,第 i 个字母变成第(26−i+1)个字母。非字母字符不变。要求编程序将密码译回原文,并输出密码和原文。

第 5 章 函 数

一般来说,要解决的问题或任务很复杂,通常把它们分解成多个小问题或子任务,并为每个小问题或子任务定义一个独立的函数。每一个函数都有清楚的核心任务并且都不太长。在 C 程序中,一个程序可以由多个函数构成,每个函数都有独立的功能。

本章将介绍函数的概念、定义及函数的调用方式。

5.1 初 识 函 数

本书的前面各章节,编制的程序仅包含一个 main 函数,所有的代码都写在 main 函数体内。如果我们要解决的问题或任务很复杂,main 函数内的代码就会很多,无论是写程序的人还是看程序的人,都会感到阅读困难。写程序与写文章有相似之处,如果一篇文章从头到尾只有一个段落,虽然同样可以表达文章的中心思想,但是又有多少读者愿意耐心的看完如此庞大的一个段落呢? 因此,编制程序时,如果将一个程序适当的划分为若干函数,可以提高程序的可读性。

5.1.1 函数的分类

函数的概念虽然是初次出现,但是读者从本书第一个例子起就开始使用函数了。下面先来再看看本书的第一个 C 程序。

【例 5.1】 原样输出一行语句。

```
#include<stdio.h>                          /*输入输出函数编译预处理命令*/
void main()                                /*主函数*/
{
    printf("Hello,world!\n");              /*输出信息*/
}
```

程序运行结果如下:

```
Hello,world!
```

分析与说明:

（1）该程序仅包含一个 main 函数，main 函数是由系统定义的。

（2）main 函数体内的唯一一条语句是调用 printf 函数，它是由系统提供的标准格式控制输出函数。

printf 函数是由系统提供的库函数，用户可以直接调用，而在实际编程中，为了解决问题，需要自己定义函数来实现所需的功能。接下来，看一个包含自定义函数的例子。

【例 5.2】 一个包含自定义函数的例子。

```c
/*头文件包含的预处理命令*/
#include<stdio.h>
#include<conio.h>
/*用户自定义函数的声明语句。关于函数声明语句的用法及作用将在 5.3.2 节作详细说明*/
void menu();
void welcome();
/*程序的入口处：主函数。每个 C 程序都有且必须有一个主函数。*/
void main()
{
    menu();                         /*调用自定义函数 Menu 显示界面*/
    welcome();                      /*调用自定义函数 welcome 显示欢迎词*/
    menu();                         /*再次调用自定义函数 Menu 显示界面*/
    getch();                        /*调用库函数 getch 接受来自键盘的输入*/
}
/*定义函数实现界面的显示*/
void menu()
{
    /*三次调用库函数 printf 实现界面图案的输出*/
    printf("**************************************************\n");
    printf("            欢迎进入函数章节的学习              \n");
    printf("**************************************************\n");
}
/*定义函数实现欢迎词的显示*/
void welcome()
{
    printf("    welcome!\n");       /*调用库函数 printf 实现欢迎词的输出*/
}
```

程序运行结果如下：

```
**************************************************
            欢迎进入函数章节的学习
**************************************************
welcome!
**************************************************
            欢迎进入函数章节的学习
**************************************************
```

说明：

（1）例 5.2 由三个函数组成：主函数 main()、menu() 和 welcome 函数()。在程序设计中，为了增加程序的可读性，提高程序开发效率，程序员常将一些常用的功能模块编写成独立的函数，要善于利用函数，以减少代码的重复编写。本例 main 函数中，两次调用 menu 函数正是提高了 menu 函数的利用率。

（2）C 程序的执行总是从 main 函数开始，当执行到函数调用语句时，转入被调函数体内，当被调函数执行完毕，返回到调用点接着执行。

（3）组成一个 C 程序的所有函数都是互相独立的，函数之间不存在从属关系，在一个函数体内不能定义另一个函数，即函数不能嵌套定义，但可以嵌套调用。

（4）一个 C 程序可以由一个 main 函数和多个自定义函数构成。main 函数可以调用其他函数，其他函数之间也可以互相调用；main 函数是系统定义的，自定义函数不能调用 main 函数；同一个函数可以被一个或多个函数调用任意多次。

（5）从用户的使用角度，函数分为以下两类。

① 库函数（标准函数）：如 printf 函数、scanf 函数等由系统提供无须用户定义即可直接调用的函数。

② 用户自定义函数：由用户自己定义实现的函数，如例 5.2 中的 menu 和 welcome 就是用户自定义函数。

（6）从函数的定义形式，函数分为以下两类（本段文字中涉及的一些概念，例如返回值、实参、形参等，其具体内容会陆续在本章后面的小节中详细介绍，读者此时只需有一个初始印象即可）。

① 无参函数：一般用来执行一组特定的操作，执行后的结果直接在该无参函数中输出，不返回给主调函数，一般没有返回值。主调函数在调用无参函数时，不发生函数间的数据传递。如例 5.2 中的 menu 和 welcome 就是无参函数。

② 有参函数：主调函数调用有参函数时，通过实参和形参进行数据传递，一般都有返回值。

5.1.2　函数的定义

函数定义的一般格式：

```
<类型标识符><函数名>([形式参数列表])        /* 函数首部 */
{                                              /* 函数体 */
    变量说明
    执行语句
}
```

说明：

（1）<函数类型>：每个变量都有对应的数据类型，每个函数也都有对应的数据类型（如 int、float、char 等）。实际上函数的数据类型和该函数的返回值的数据类型是一致的，如果函数没有返回值，函数类型用 void 表示。

（2）函数的返回值：有的函数有返回值，有的函数没有返回值。函数的返回值是指函数被调用之后，执行函数体中的程序段所取得的并返回给主调函数的值。如调用正弦函数取得正弦值，就是正弦函数的返回值。有返回值的函数，其函数体内必须有相应的返回语句 return，具体语法见下面的例题。

（3）＜函数名＞：唯一标识一个函数的名称，是一个合法的标识符。

（4）（[形式参数列表]）：由 0 个、1 个或多个参数（很多初学者对参数的概念难以理解，实际上参数就是变量，只不过是处于特定位置上具有特定作用的变量而已）组成，多个参数之间用逗号隔开。每个形参对应一个类型说明符。

（5）＜函数体＞：即大括号{}括起来的部分，这一部分的代码表明了该函数可以实现的功能。

下面是两个合法的函数定义的例子。

【例 5.3】 输出简单图案。

```
void menu()
{
    printf("***************************************************\n");
    printf("              欢迎进入函数章节的学习              \n");
    printf("***************************************************\n");
}
```

例 5.3 定义了一个 void 类型的无参函数 menu，当自定义函数无须返回值给主调函数时，必须显示说明函数类型为 void，void 不能省略。

当函数 menu 中的三条 printf 语句执行完毕后，工作流程会自动返回至主调函数。

【例 5.4】 定义一个有参函数，求两个整数中的较大值。

```
int max(int n1,int n2)              /* n1、n2 是函数 max 的形式参数 */
{
    int result;                     /* 定义变量 result 存储两数中的较大值 */
    result=n1>n2?n1:n2;             /* 条件表达式的结果即两数中的较大值 */
    return result;                  /* 通过 return 语句将结果返回至主调函数 */
}
```

例 5.4 定义的 max 函数的类型为整型 int，int 类型的函数定义时，可以省略 int 不写。函数类型不为 void 的函数，其函数体内至少有一条 return 语句。当执行至 return 语句时，工作流程将返回到该 return 语句所处函数的主调函数中。同时，return 后所跟的值将被带回到主调函数。

return 是关键字，其常用语法形式：

return 表达式；
return （表达式）；

【例 5.5】 定义一个有参函数用于返回两个任意整数的和。

```
int sum(int a,int b)
```

```
{
    int s;
    s=a+b;
    return s;
}
```

函数定义中,每个形参都必须用一个类型说明符单独说明,不可共用。

到现在为止,已经了解到每一个 C 程序都是若干个函数的集合体,而每一个函数又都有特定的功能,如果将一个 C 程序看作是一个政府机关,那么组成这个程序的若干函数就好比是这个政府机关的各个职能办公室,虽然都有自己独立的任务要完成,但归根究底还是为了整个政府机关的正常运转,有一个共同的大目标。

5.1.3 案例分析:打印图案

问题描述

定义一个函数 print,打印如下结果:

1	2	3	4	5	6	7	8	9
2	4	6	8	10	12	14	16	18
3	6	7	12	15	18	21	24	27
4	8	12	16	20	24	28	32	36

要点解析

一个函数是由函数头和函数体两部分构成的,从案例功能描述可以确定该函数是一个无返回值的函数,其函数头如下:

```
void print()
```

函数体是函数实现功能的部分,其中书写的代码必须能够执行"规定任务"——打印如上所示四行九列的矩阵。观察矩阵的特点,可以使用双重 for 循环来实现。

程序与注释

```
void print()                    /* 函数头:定义无参无返回值函数 print */
{
    int i;                      /* 定义外重循环变量 i */
    int j;                      /* 定义内重循环变量 j */
    for(i=1;i<=4;i++)           /* 外重循环控制行间的变化 */
    {
        for(j=i;j<=9*i;j+=i)    /* 内重循环控制列间的变化 */
        {
            printf("%4d",j);    /* %4d:使用格式修饰符控制列与列间的间距 */
        }
        printf("\n");
    }
}
```

分析与思考

案例中的数字矩阵图案是一个典型的二维图形,可以判断该图案的实现需要双重循环:外循环控制行的变化,每一行的第一个数值等于当次的循环次数,因此确定外循环变量 i 的初始值为 1,终止值为 4;内循环控制每一行列值的变化,后一列的值等于前一列的值与当前行号之和,最后一列的数值等于当次循环次数的 9 倍,因此确定内重循环变量 j 的初始值为 i,终止值为 9 * i,步长为 i。

5.2 函数的调用

5.2.1 函数调用的一般形式

在前面的章节中,我们已经了解到一个 C 程序可以由若干个自定义函数构成,而自定义函数的执行是由主调函数通过函数调用语句实现的,在例 5.2 中,主函数就是主调函数,menu 函数、welcome 函数和 getch 函数就是被调函数。函数调用的一般格式为:

<函数名>(参数表);

按照被调函数在主调函数中的作用,函数的调用方式可以表现为以下三种形式。

1. 作为单独的函数调用语句

被调函数在主调函数中,以一条独立语句的形式出现,完成一种操作,不带回返回值。

【例 5.6】 分析函数调用过程。

```c
#include<stdio.h>
void pattern()                   /* 无参函数的定义:定义的 pattern 函数的形参列表为空 */
{
    printf("*****\n");
}
void main()
{
    int i;

    for(i=1;i<=5;i++)
    {
        printf("%d",i);
        pattern();               /* 函数调用语句:通过函数名调用无参函数 pattern */
    }
}
```

程序运行结果如下:

```
1*****
2*****
```

```
3*****
4*****
5*****
```

自定义函数 pattern 是一个无参无返回值的函数,在主函数中通过一条单独的函数调用语句来调用 pattern 函数,pattern 函数只是完成一种操作,不带回返回值。

2. 作为函数的部分参数

函数的调用结果进一步做其他函数调用的参数,这种函数有返回值。

【例 5.7】 编写一个程序,在自定义函数中实现 3 个数中求最大值,在主函数中输出最后结果。

```
#include<stdio.h>
int max(int a,int b)                  /*两个数求最大值*/
{
    int t;
    t=(a>b?a:b);
    return t;                         /*返回语句:通过 return 返回变量 t 的值*/
}
void main()
{
    int x1,x2,x3;
    printf("input 3 number:");
    scanf("%d%d%d",&x1,&x2,&x3);
    printf("the number=%d\n",max(x1,max(x2,x3)));
                                      /*函数调用作为输出参数*/
}
```

在主函数中两次出现 max 函数调用,其中 max(x2,x3)是将函数的返回值作为第二次调用 max 函数的其中一个实参。

3. 作为表达式的一部分

将函数的调用结果作为表达式的一部分。

【例 5.8】 调用库函数 pow(a,b),pow(a,b)的功能是求 a 的 b 次方的值。

```
#include<stdio.h>
#include<math.h>
void main()
{
    int a=2,b=3,i=4,j=5,c;
    c=pow(a,i)+pow(b,j);             /*两次调用函数 pow,将其结果作为加数和被加数*/
}
```

使用库函数应该有相应的头文件说明,pow 函数的相关说明在 math.h 文件中,因此该程序开头包括了预处理命令#include<math.h>。在主函数中可以看到 pow(a,i)和 pow(b,j)作为"+"运算符的运算分量参加了运算,实际上,任何表达式可以出现的地方都可以出现函数调用。

5.2.2　函数的参数

前一小节中,初步认识到形参和实参的差别:函数定义时,出现在函数名后括号中的参数是形参;函数调用时,出现在函数名后括号中的参数是实参。函数调用时,实参的数量要与形参的数量一致,多个实参的数据类型要与形参的数据类型一致,多个实参出现的意义顺序要与形参的意义顺序一致。形参和实参的功能是作数据传送。发生函数调用时,主调函数把实参的值传送给被调函数的形参从而实现主调函数向被调函数的数据传送。

函数的形参和实参具有以下特点:

(1) 形参变量只有在被调用时才分配内存单元,在调用结束时,即刻释放所分配的内存单元。因此,形参只有在函数内部有效。函数调用结束返回主调函数后则不能再使用该形参变量。

(2) 实参可以是常量、变量、表达式、函数等,无论实参是何种类型的量,在进行函数调用时,它们都必须具有确定的值,以便把这些值传送给形参。因此应预先用赋值,输入等办法使实参获得确定值。

(3) 实参和形参在数量上、类型上、顺序上应严格一致,否则会发生类型不匹配的错误。

(4) 函数调用中发生的数据传送是单向的。即只能把实参的值传送给形参,而不能把形参的值反向地传送给实参。因此在函数调用过程中,形参的值发生改变,而实参中的值不会变化。

【例 5.9】　交换两个变量的值。

```c
#include<stdio.h>
void swap(int x,int y)
{
    int t;
    t=x;
    x=y;
    y=t;
}
void main()
{
    int a,b;
    a=2;
    b=3;
    swap(a,b);
    printf("互换失败:a=%d,b=%d\n",a,b);
    getch();
}
```

程序运行结果如下：

互换失败：a=2,b=3

程序首先定义了一个 swap()函数,它有两个形参 x 与 y。在 main()函数中,定义了两个整型变量a 和 b,并将2和3分别赋值给a 和 b,然后是一个调用语句swap(a,b);,这里a,b是实参。

如图 5-1 所示,在函数调用时,为形参变量 x 与
y 分配内存单元,并将实参 a 和 b 的值传递给形参 x
和 y。在函数 swap()内 x 和 y 的值确实做了交换,
由于函数调用结束时,要释放为 x 与 y 所分配的内
存单元。换句话说,形参 x 和 y 只在函数 swap()内
部有效。可见实参的值不随形参的变化而变化。

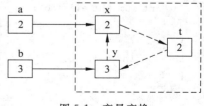

图 5-1　变量变换

5.2.3　函数的说明

C 语言可以由若干个文件组成,每一个文件又可以单独编译,因此当编译程序中的函数调用时,如果不知道该函数参数的个数和类型,编译系统就无法检查形参和实参是否匹配。为了保证函数调用时,编译程序能检查出形参和实参是否满足类型相同,个数相等,并由此决定是否进行类型转换,必须为编译程序提供所用函数的返回值类型和参数的类型、个数,以保证函数调用成功,因此有时候在主调函数中需要对被调函数进行说明。

在前面的例子中,我们总是先写被调用函数,再写主调函数,实际上组成一个程序的多个函数的放置位置是任意的,也就是说,可以先写主调函数,再写被调函数,但需要有相应的函数说明语句。函数说明的方式如下:

<函数类型><函数名>(参数类型列表);

如:

```
int sum(int a,int b);
```

或者

```
int sum(int,int);
```

应当注意的是:函数的说明和函数的定义在书写形式上比较类似,但两者在本质上是不同的,主要区别如下:

(1) 函数的定义由两部分组成:函数首部和函数体。函数的定义是根据要完成的功能编写一段程序,应有函数具体的功能语句,即函数体;而函数的说明只是对编译系统的一个说明,没有具体的执行动作。

(2) 程序中,函数的定义只能有一次,而函数的说明可以有多次,调用几次函数,就应在各个主调函数中各自做说明。如:

```
void main()
```

```
{
    int sum(int,int);                    /* 主函数中声明 sum 函数 */
    …
}
void fun( )
{
    int sum(int a,int b);                /* fun 函数中声明 sum 函数 */
    …
}
int sum(int a,int b)                     /* 定义 sum 函数 */
{
    …
}
```

在上面的程序段中，自定义函数 sum 分别被 main 函数和 fun 函数调用，因而在 main 函数和 fun 函数中各自出现了对被调函数 sum 的函数说明语句，而函数 sum 的定义体只有一个。

观察前面的例子发现：有的主调函数中有被调函数的说明语句，而有的主调函数中确没有对被调函数进行说明。通常在下列两种情况下，可以省略函数声明：当函数的返回值为整型或字符型时，且在同一个文件中既定义函数，又调用该函数；当被调用函数的返回值不是整型或字符型，而是其他类型（如 float,double,void 等），如果函数定义和函数调用在同一个文件中，且函数定义在源程序中的位置在主调函数之前（如例 5.7）。

【例 5.10】 计算两个整数的和，并输出结果。

```
#include<stdio.h>
void main( )
{
    int x,y,s;
    scanf("%d%d",&x,&y);
    s=add(x,y);
    printf("result=%d\n",s);
}
int add(int a,int b)
{
    int total;
    total=a+b;
    return total;
}
```

程序运行结果如下：

```
34
result=7
```

因为 add 函数是整型函数，所以即使 add 函数的定义在主函数之后，在主函数中仍然可以不加函数说明，直接调用。但是，如果函数定义的位置在主调函数之后，且该函数类型不是整型或字符型时,必须在主调函数中给出被调函数的说明。

【例 5.11】 计算任意两个浮点数的和,并输出结果。

```c
#include<stdio.h>
void main()
{
    float x,y,s;
    float add(float,float);
    scanf("%f%f",&x,&y);
    s=add(x,y);
    printf("result=%f\n",s);
}
float add(float a,float b)
{
    float total;
    total=a+b;
    return total;
}
```

在 C 程序中,函数的说明语句除了可以放在主调函数中,也可以出现在函数的外部。
如以下例题。

【例 5.12】 改写例 5.11。

```c
#include<stdio.h>
float sum(float x,float y);
void main()
{
    float a,b,s;

    scanf("%d%d",&a,&b);
    s=sum(a,b);
    printf("s=%d\n",s);
}
float sum(float x,float y)
{
    return x+y;
}
```

当程序比较复杂,组成的函数比较多时,用上面的方法在程序开头说明所有的被调函
数也是一种简单的方法。

5.2.4 案例分析:小型计算器

问题描述

小型计算器具有两个基本的计算功能:加法、减法,操作对象为任意两个整数。为这

两个计算功能定义各自独立的功能函数,能够完成相应的计算功能并显示计算结果;在主函数中显示简单的计算器计算功能选择界面,并调用自定义的计算功能函数,实现运算。

要点解析

程序由 3 个函数组成,主函数是主调函数,其余两个函数都是主函数的被调函数。为能准确无误地调用对应函数,函数名应见名知意。从问题描述中清晰得知,计算结果不用返回主函数,而是在自定义函数内显示,可知两个自定义函数均为无返回值类型的函数;主函数的功能不包括提供参加计算的操作数,可知操作数由自定义函数自行提供,因而两个自定义函数为无参函数。

程序与注释

```c
#include<stdio.h>
#include<conio.h>
/*函数声明语句*/
void add();
void sub();
/*主函数定义*/
void main()
{
    int option=0;                        /*定义整型变量存储菜单选项*/
    /*用无限循环实现用户对计算器 5 个功能的重复选择进入*/
    while(1)
    {
        /*通过若干条 printf 语句显示计算机的功能界面*/
        printf("\n\n\n");
        printf("      *-------------------------------- *\n");
        printf("      |           请选择运算类型          |\n");
        printf("      |--------------------------------|\n");
        printf("      |           1、加法                |\n");
        printf("      |           2、减法                |\n");
        printf("      |           0、退出                |\n");
        printf("      *-------------------------------- *\n");

        /*do-while 循环保证用户输入正确的菜单项*/
        do
        {
            printf("\n    请输入你要选择的菜单号(0~2):");
            scanf("%d",&option);
        }while(option<0||option>2);

        /*开关语句实现不同功能的调用*/
        switch(option)
        {
            case 1:
                add();                                /*调用加法函数*/
```

```
                break;
            case 2:
                sub();                                              /*调用减法函数*/
                break;
            case 0:
                return ;
            }
        }
    getch();
}

/*定义函数 add 实现两个整数的求和*/
void add()
{
    int m,n;
    printf("请输入你要求和的两个数:\n");
    scanf("%d%d",&m,&n);
    printf("%d+%d=%d\n",m,n,m+n);
}
/*定义函数 sub 实现两个整数的求差*/
void sub()
{
    int m;
    int n;
    printf("请输入你要求差的两个数:\n");
    scanf("%d%d",&m,&n);
    printf("%d-%d=%d\n",m,n,m-n);
}
```

程序运行主界面如下：

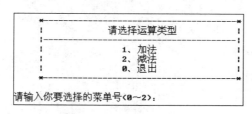

分析与思考

编写由多函数组成的程序,其难点在于如何划分函数？应该划分成多少个函数？只要每一个函数实现一个独立的任务或功能而代码又不太长即可。案例比较简单,只实现加减功能,读者可进一步扩充以支持乘、除法运算等。

5.2.5 函数的嵌套调用

C 语言不允许嵌套定义函数,因为各函数之间是平行的,不存在上一级函数和下一级函数的问题。但是允许嵌套调用,所谓嵌套调用,指的是在调用一个函数的过程中,又调用另一个函数。

图 5-2 表示了两层嵌套调用的情形。其执行过程是:执行 main 函数中调用 a 函数的语句时,即转去执行 a 函数,在 a 函数中调用 b 函数时,又转去执行 b 函数,b 函数执行完毕返回 a 函数的断点继续执行,a 函数执行完毕返回 main 函数的断点继续执行。

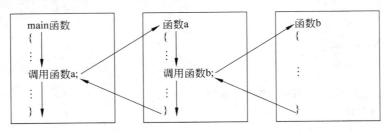

图 5-2　函数的嵌套调用

【例 5.13】　求表达式 $1^1+2^2+3^3+\cdots+10^{10}$ 之和。

```c
#include<stdio.h>
void main()
{
    double t,sum(int n);
    t=sum(10);
    printf("result=%.0f\n",t);
}
double sum(int n)
{
    int i;
    double s=0,cf(int m);
    for(i=1;i<=n;i++)
    {
        s+=cf(i);
    }
    return s;
}
double cf(int m)
{
    int i;
        double t=1;
        for(i=1;i<=m;i++)
    {
        t*=m;
    }
    return t;
}
```

程序运行结果如下：

```
result=10405071317
```

分析与说明：

（1）例 5.13 定义了 3 个函数：主函数 main( )、求和函数 sum( )、求积函数 cf( )。3 个函数各司其职。它们在定义格式上互相独立,在执行任务时又通过一定的调用语句互通有无,从而顺利完成整个任务。

（2）程序从 main 函数开始执行,在 main 函数中调用 sum 函数;sum 函数要完成

任务又要调用 cf 函数。这就是函数的嵌套调用。具体调用过程如图 5-3 所示。

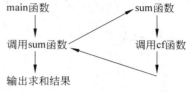

图 5-3　例 5.13 嵌套调用过程

5.2.6　函数的递归调用

由多个函数组成的程序通过函数间的互相调用来执行程序,一个函数可以调用其他函数,也可以调用该函数本身,我们将后者称之为函数的递归调用。例如：

```
int fun(int n)
{
    if(n==0 || n==1)
        return 1;
    else
        return n * fun(n-1);
}
```

在调用函数 fun 的过程中,又要调用 fun 函数,这就是函数的直接递归调用,如图 5-4 所示。

如果在调用一个函数的过程中又出现间接地调用该函数本身,这就是函数的间接递归调用,如图 5-5 所示。

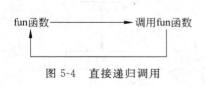

图 5-4　直接递归调用

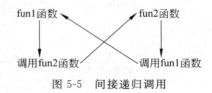

图 5-5　间接递归调用

【例 5.14】　用递归法求 n!。计算公式为：

$$n! = \begin{cases} 1 & n=0 \text{ 或 } n=1 \\ n \times (n-1)! & n>1 \end{cases}$$

```
#include<stdio.h>
double cj(int n)
{
```

```
    double f;
    if(n<0)
    {
        printf("error!\n");
    }
    else if(n==0||n==1)
    {
        f=1;
    }
    else
    {
        f=cj(n-1)*n;                                    /*调用函数本身*/
    }
    return f;
}
void main()
{
    int n;
    double y;
    scanf("%d",&n);
    y=cj(n);
    printf("%d!=%.0f\n",n,y);
}
```

当输入 10 时,程序运行结果如下:

```
10
10!=3628800
```

分析与说明

递归调用究竟是如何运行的呢?下面给出当 n＝3 时,cj 函数的简单递归调用过程,如图 5-6 所示。

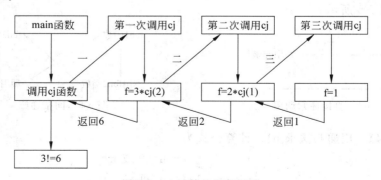

图 5-6 cj 函数的递归调用

递归有时很难处理,而有时却很方便实用。当一个函数调用自己时,如果编程中没有设定可以终止递归的条件检测,它会无限制地进行递归调用,所以需要进行小心处理。

递归一般可以代替循环语句使用。有些情况下使用循环语句比较好,而有些时候使用递归更有效。递归方法虽然使程序结构优美,但其执行效率却没有循环语句高。为了让读者更好地理解递归,请看下面的例子。

【例 5.15】 递归的另一个例子。

```c
#include<stdio.h>
void up_and_down(int);
int main()
{
    up_and_down(1);
    return 0;
}
void up_and_down(int n)
{
    printf("Level %d: n location %p\n",n,&n);          /* 1 */
    if (n<4)
        up_and_down(n+1);
    printf("LEVEL %d: n location %p\n",n,&n);          /* 2 */
}
```

程序运行结果如下:

```
Level 1: n location 0x0012ff48
Level 2: n location 0x0012ff3c
Level 3: n location 0x0012ff30
Level 4: n location 0x0012ff24
LEVEL 4: n location 0x0012ff24
LEVEL 3: n location 0x0012ff30
LEVEL 2: n location 0x0012ff3c
LEVEL 1: n location 0x0012ff48
```

我们来分析程序中递归的具体工作过程。首先 main() 使用参数 1 调用了函数 up_and_down()。于是 up_and_down() 中形式参数 n 的值为 1,故打印语句♯1 输出了 Level 1 和参数 n 的地址。然后,由于 n 的数值小于 4,所以 up_and_down()(第一级)使用参数 n+1 即数值 2 调用了 up_and_down()(第二级)。这使得形式参数 n 在第二级调用中被赋值 2,打印语句♯1 输出的是 Level 2 和参数 n 的地址。与之类似,下面的两次调用分别打印出 Level 3 和 Level 4。

当开始执行第 4 级调用时,n 的值是 4,因此 if 语句的条件不满足。这时不再继续调用 up_and_down() 函数。第 4 级调用接着执行打印语句♯2,即输出 LEVEL4,因为 n 的值是 4。现在函数需要执行 return 语句,此时第 4 级调用结束,把控制返回给该函数的调用函数,也就是第 3 级调用函数。第 3 级调用函数中前一个执行过的语句是在 if 语句中进行第 4 级调用。因此,它开始继续执行其后续的代码,即执行打印语句♯2,这将会输出 LEVEL3。当第 3 级调用结束后,第 2 级调用函数开始继续执行,即输出了 LEVEL2。依次类推。

注意,每一级的递归都使用它自己的私有的变量 n。你可以通过查看地址的值来得到这个结论(当然,不同的系统通常会以不同的格式显示不同的地址。关键点在于,调用时的 Level 1 地址和返回时的 Level 1 地址是相同的)。

5.3 变量的作用域和存储域

完整的变量定义应该指明变量的作用域和存储域,作用域指明了变量的有效范围,存储域指明了变量在内存中的存储方式。一个 C 程序在内存中分为三段存储,如图 5-7 所示。

程序区
静态存储区
动态存储区

图 5-7   三段存储

完整的变量定义格式如下:

[存储类型符]<数据类型符><变量名>;

5.3.1 变量的作用域

程序中定义的变量都有一定的作用范围即作用域,按照作用域的大小,变量分为全局变量和局部变量。我们知道 C 程序的编译单位是源文件,一个大的 C 程序可能由若干个源文件组成,一个源文件又可能包含若干个函数。所谓"局部变量",指的是在函数内部定义或代码块内部定义的变量,因此也叫内部变量,它的作用域仅局限于定义该局部变量的函数体内或代码块内,我们之前编程所定义的都是局部变量。所谓"全局变量",指的是在函数外部定义的变量,因此也叫外部变量,它的作用域从该变量的定义点开始直到源文件结束,可以被其他函数共用。如:

```
float f1(int x)                          /*定义函数 f1*/
{
    int a,b;        ⎫
    ...             ⎬  x,a,b 有效范围
}                   ⎭
double y;
void main()                              /*主函数*/
{
    int p,q;        ⎫
    ...             ⎬  y,p,q 有效范围
}                   ⎭
```

说明:

(1) 在函数 f1 中定义的形参 x 也是局部变量,只在函数 f1 的函数体内有效。

(2) 在两个函数体之间定义的变量 y 是全局变量,它的有效范围是定义点以下的所有函数即主函数。

（3）因为局部变量只是"局部有效"，因而在不同的函数体内可以定义同名的局部变量，但它们对应的内存空间并不相同。例如：

```
float f1(int x)
{
    int a,b;         ⎫
    ...              ⎬ x,a,b 有效范围
}                    ⎭
void main()
{
    int a,b;         ⎫
    ...              ⎬ a,b 有效范围
}                    ⎭
```

在一个函数的函数体内，也可以在复合语句中定义变量，所定义的变量的作用域仅局限于该复合语句内。例如：

```
void main()
{
    int x,y;                     ⎫
  ...                            ⎪
    {                            ⎪
        int c;         ⎫         ⎬ x,y 有效范围
        c=x+y;         ⎬ c有效范围⎪
         ...           ⎭         ⎪
    }                            ⎪
    ...                          ⎪
}                                ⎭
```

当全局变量与局部变量同名时，在定义同名局部变量的函数体内，全局变量被屏蔽。例如：

【例 5.16】 分析以下程序的运行结果。

```
#include<stdio.h>
int x=3;
void main()
{
    int a,x=2;
    a=x*2;
    printf("%-3d",a);
}
```

程序运行结果如下：

4

程序运行结果为 4 而不是 6，原因在于全局变量 x 与局部变量 x 同名，全局变量被

屏蔽。

一般情况下,全局变量的作用域是定义点以下的范围,如果要在定义点以上的某个函数中使用全局变量,须使用全局变量的引用说明语句,格式如下:

extern <数据类型说明符><全局变量名>;

如要在函数 f1 中使用下面定义的全局变量 y,需要在 f1 的函数体内加上全局变量的引用说明:extern double y;。

【例 5.17】 分析程序的运行结果。

```
#include<stdio.h>
int eg(int a)
{
    extern  int  i;
    ++i;
    return(a+i);
}
void main()
{
    int x;
    for(x=0;x<3;x++)
    {
        printf("%d,",eg(x));
    }
}
int i;
```

程序运行结果如下:

1,3,5

程序最后一行定义了全局变量 i,由于全局变量采用静态存储(存储方式将在下一节详述),默认值为 0;在 eg 函数中通过全局变量的引用说明来引用全局变量 i。

5.3.2 变量的存储类别

在 C 语言中,每一个变量都有两个属性:数据类型和存储类型。所谓数据类型,读者已经熟悉了,即指 float、int、double 等;存储类别指变量的存储区域,具体包含以下三种:自动的(auto),静态的(static),寄存器的(register)。

1. auto 变量

函数中的局部变量如默认为存储类型符,则该局部变量即为 auto 变量。如:

```
int fun(int a)                                  /*定义函数 fun,a 是形参*/
{
    auto int b,c;                               /*定义两个 auto 变量 b,c*/
```

```
        ...
    }
```

auto 变量采用动态存储方式,存放在动态存储区,没有默认初始值,当函数执行完毕,退出函数体时,auto 变量占据的内存空间也相应释放。例如在上面的函数 fun 中,进入函数体时,auto 变量 b,c 被分配相应的动态存储空间,当 fun 函数执行完毕退出时,b,c 的内存空间也将被释放。

根据上面所讲的 auto 变量的定义格式,我们发现之前我们编程所使用的变量都是 auto 变量,只不过它们的存储类型符 auto 都默认未写。如,在函数 fun 中:

$$\left.\begin{matrix} \text{auto int b,c;} \\ \text{int b,c;} \end{matrix}\right\} \quad \text{二者等价}$$

【例 5.18】 分析下面的程序,了解 auto 变量的特点。

```c
#include<stdio.h>
void eg(int n)
{
    auto int i=10;
    n++;
    i++;
    printf("n=%d\n",n);
    printf("i=%d\n",i);
    {
        auto int i=100;
        i++;
        printf("i=%d\n",i);
    }
    printf("i=%d\n",i);
}
void main()
{
    auto int i,n=1;
    printf("n=%d\n",n);
    for(i=1;i<3;i++)
    {
        eg(n);
    }
    printf("n=%d\n",n);
}
```

程序运行结果如下:

```
n=1
n=2
i=11
i=101
```

```
i=11
n=2
i=11
i=101
i=11
n=1
```

自定义函数 eg 的定义在前，调用在后，所以在主函数中可以直接调用，不需说明。在 eg 函数体内，定义了两个 auto 变量 i，分别初始化为 10 和 100，这两个 i 虽然同名但有各自的内存空间，作用域也不同；定义在外层块的 i 在整个 eg 函数体内均有效；定义在内层块的 i 只在内层块有效，出了内层块，其空间即被释放。

主函数体内定义了一个 auto 变量 n，eg 函数的形参也为 n，它们虽然同名，但意义不同，所占空间也不同（这一点由局部变量的作用域得知）。出现在主函数调用点处的变量 n 是实参，而出现在函数 eg 定义点的变量 n 是形参；形参 n 在定义之初并没有实际意义，也不会被分配空间，只有主调函数调用 eg 函数时，形参 n 才被分配一定的内存空间，同时形参的值也是由实参 n 传递而来的；正由于形参、实参占据的内存空间不同，且形参空间会随着 eg 函数的退出而释放，所以形参值的改变并不会影响实参，这也是函数间数据传递方式中值传递的特点（关于数据传递方式，将在后文中详述）。

由于 eg 函数内的两个变量 i 均为 auto 变量，每进入函数 eg 一次，auto 变量都会重新分配内存空间，重新初始化，在本例中，eg 函数被主函数调用了 3 次，所以 eg 函数中的两个 auto 变量 i 也被 3 次分配空间并初始化。

2. static 变量

在变量的存储类型符中，static 表示静态，局部变量和全局变量都可以用 static 说明，前者叫静态局部变量，后者叫静态全局变量。如：

```
static int x=3;                          /*定义静态全局变量 x*/
void main( )
{
    static int i;                        /*定义静态局部变量 i*/
  ...
}
```

静态变量采用静态存储方式存储，所分配的空间在静态存储区。静态存储区内存放的变量有默认初值，如上面函数体中的静态局部变量 i，其默认值是 0。

【例 5.19】 分析静态局部变量的特点。

```
#include<stdio.h>
int fun(int a)
{
    auto int b=0;
    static int c;
    b=b+1;
    c=c+1;
```

```
        return(a+b+c);
    }
    void main()
    {
        int a=2,i;
        for(i=1;i<=3;i++)
        {
            printf("%d,",fun(a));
        }
    }
```

程序运行结果如下:

4,5,6

分析与说明

函数 fun 定义了两个局部变量,其中 b 是自动变量,c 是静态变量;变量 b 初始化为 0,变量 c 虽然没有初始化,但变量 c 是静态变量,有默认值 0。

在主函数中定义的两个局部变量 a 和 i 默认为存储类型符 auto,均为自动变量。函数调用作为输出函数的参数输出其返回值。

函数调用的实参 a 和函数 fun 定义的形参 a 同名不同义;主函数和 fun 函数之间采用值传递。

主函数三次调用 fun 函数,每次进入 fun 函数体,auto 变量 b 都会被重新分配内存空间并初始化;而静态变量 c 只在第一次进入 fun 函数体时分配一次内存空间,此空间直到程序结束方才释放。

静态空间存放的数据一旦改变,此改变将一直保留直到新的改变来临。所以第一次进入 fun 函数时,静态变量 c 被默认为 0,函数执行后,c 的值变为 1,函数退出后,c 为 1 的值依然保留,直到第二次进入 fun 函数,c 在原值 1 的基础上再加 1,因此第二次退出 fun 函数时,c 的值为 2;同理可知,第三次退出 fun 函数时,c 的值为 3。

关于静态全局变量的使用并不多,主要出现在由多文件组成的程序中。有时,在程序设计中,我们希望某些全局变量只在定义这些变量的文件中使用,而让其他文件无法使用,我们可以将这些全局变量定义为静态的全局变量。如:

```
file1.c                 file2.c
  static int x;         extern int x;
  main()                fun()
  {…}                   {printf("%d",x);}
```

文件 file1.c 中定义了静态的全局变量 x,文件 file2.c 中虽然使用了全局变量的引用说明,但无法引用静态的全局变量 x。

3. register 变量

一般情况下,无论是采用静态存储方式还是动态存储方式存储的变量,都存放在计算机的内存中。但有时在程序中,有些变量的使用次数很频繁,如果仍将这些变量存放在内存,在变量的存取上将花费较多的时间,为了提高程序的运行效率,我们将使用频繁的变量存放在计算机 cpu 的寄存器中,这种变量就叫寄存器变量,用 register 声明。

【例 5.20】 分析程序运行结果,体会寄存器变量的特点。

```c
int fun(int n)
{
    register int i,t=1;          /*定义两个寄存器变量*/
    for(i=0;i<n;i++)
    {
        t*=i;
    }
    return t;
}
void main()
{
    int i;
    for(i=0;i<5;i++)
    {
        printf("%d\n",fun(i));
    }
}
```

分析与说明

(1) 函数 fun 中定义了两个 register 变量,由于计算机中寄存器的数目有限,我们不能定义太多的寄存器变量。一般只允许将 int,char 和指针型变量定义为寄存器变量。

(2) 只有自动变量和形参可以作为寄存器变量,其他类型的变量不能定义为寄存器变量。

(3) 寄存器变量的作用域局限于定义它的函数体内,一旦退出该函数,寄存器变量占用的寄存器将被释放。

如今的 C 编译系统已经可以识别使用频繁的变量,能够自动将这些变量放在寄存器中,不再需要编程者自行指定,因此,我们对寄存器变量有一定的了解即可,不建议在编程中使用。

5.4 函数间的数据传递

由多函数组成的程序,通过函数间的调用或被调用来执行任务,不同的函数之间通过一定的数据传递方式来互通信息,下面我们将详细介绍函数间的数据传递方式。

5.4.1 形参和实参间的值传递

前面已经介绍了形参和实参的概念:形参是函数定义时的形式参数,只在函数被调用时才被分配内存空间;实参是出现在函数调用点的实际参数,当它被定义时就有了对应的内存空间;实参和形参分别占据不同的内存空间。

值传递方式是指:在调用函数时,将实参变量的值复制到形参变量对应的存储单元中,使形参变量在数值上与实参变量相等。C 语言中的实参可以是一个表达式,调用时先计算表达式的值,再将结果复制到形参对应的存储单元中,一旦函数执行完毕,这些存储单元所保存的值不再保留。形式参数是函数的局部变量,仅在函数内部才有意义,不能用它来传递函数的结果。

函数间形参变量与实参变量的值传递过程类似于日常生活中的"复印"操作:甲方请乙方工作,拿着原件为乙方复印了一份复印件,乙方凭复印件工作,将结果汇报给甲方。在乙方工作过程中可能在复印件上进行涂改、增删、加注释等操作,但乙方对复印件的任何修改都不会影响到甲方的原件。

值传递的优点在于被调用的函数不可能改变主调函数中变量的值,而只能改变它的局部的临时副本即形参的值。这样就可以避免被调用函数的操作对主调函数中的变量可能产生的副作用。值传递方式是函数间采用的最普遍的数据传递方式。

【例 5.21】 值传递方式。

```c
#include<stdio.h>
void main()
{
    int a,b,c;
    scanf("%d%d",&a,&b);
    c=max(a,b);
    printf("the max is %d\n",c);
}
int max(int x,int y)
{
    if(x>y)
    {
        return x;
    }
    else
    {
        return y;
    }
}
```

输入:2 3
输出:the max is 3

分析与说明

当 max 函数被调用时,形参 x,y 被分配对应的内存空间,实参 a 将值 2 复制到 x 的对应空间,实参 b 将值 3 复制到 y 的对应空间,通过函数 max 的运行,将返回值 3 带回调用点并存入变量 c 中,最后输出结果。

【例 5.22】 分析程序的功能及结果。

```c
#include<stdio.h>
void switch(int x,int y);
void main()
{
    int a,b;
    scanf("%d%d",&a,&b);
    switch(a,b);
    printf("a=%d,b=%d\n",a,b);
}
void switch(int x,int y)
{
    int t;
    t=x;
    x=y;
    y=t;
}
```

程序运行结果如下:

输入:2 3
输出:a=2,b=3

分析与说明

该程序希望通过 switch 函数实现两个变量值的交换,但结果表明交换并未实现。在函数 switch 中,形参 x 和 y 通过函数的运行,二者的值确实交换了,但由于形参和实参分别占据不同的空间,形参值的改变并不能影响实参,因而当从函数 switch 返回到主函数后,形参空间被释放,形参值也丢失了,实参值维持不变。

【例 5.23】 分析下列程序的执行过程。

```c
#include<stdio.h>
void try ( int x,int y,int z );
void main()
{
    int x=2,y=3,z=0;
    printf("*x=%d,y=%d,z=%d\n",x,y,z);
    try(x,y,z);              /* 函数调用 x、y、z 为实参 */
    printf(" **** x=%d,y=%d,z=%d\n",x,y,z);
}
void try ( int x,int y,int z )
{
    printf("** x=%d,y=%d,z=%d\n",x,y,z);
    z=x+y;
    x=x*x;
```

```
        y=y * y;
        printf("*** x=%d,y=%d,z=%d\n",x,y,z);
}
```

程序运行结果如下：

```
x=2,y=3,z=0
** x=2,y=3,z=0
*** x=4,y=9,z=5
**** x=2,y=3,z=0
```

程序中实参和形参间的数据传递过程如图 5-8 所示。

由以上 3 个例子,可以总结出函数参数的特点：

形参在被调函数中定义,实参在主调函数中定义。

(1) 形参是形式上的,定义时编译系统并不为其分配存储空间,也无初值,只有在函数调用时,临时分配存储空间,接受来自实参的值,函数调用结束,内存空间释放,值消失。

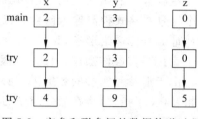

图 5-8　实参和形参间的数据传递过程

(2) 实参可以是变量名或表达式,形参只能是变量名。

(3) 实参与形参之间是单向的值传递,即实参的值传给形参,因此,实参与形参必须类型相同,个数相等,一一对应。

5.4.2　形参和实参间的地址传递

变量有三个要素：变量名,变量值和变量的地址。在例 5.23 中,值传递方式无法实现两个变量间值的互换,主要原因是参与交换的形参所占据的空间并非实参的空间,如果它们的空间一致,那么对形参的操作也就是对实参的操作,问题就迎刃而解了。地址传递方式正好解决以上的问题。

【例 5.24】　地址传递方式交换数据。

```
#include<stdio.h>
void switch(int * x,int * y);
void main()
{
        int a,b;
        scanf("%d%d",&a,&b);
        switch(&a,&b);
        printf("a=%d,b=%d\n",a,b);
}
void switch(int * x,int * y)
{
```

```
        int t;
        t= * x;
        * x= * y;
        * y=t;
    }
```

程序运行结果如下：

输入：2 3
输出：a=3,b=2

分析与说明

主函数中的函数调用一条单独的语句出现,函数调用中的两个实参前加了符号 &,这个符号在格式控制输入函数中已经接触过了,它表示函数调用时,实参将对应内存空间的地址编号传递给形参,此时,形参和实参均占据相同的内存空间,对形参所做的操作等同于直接对实参作操作,因此在函数 switch 中对形参值的交换即是对实参值的交换。

由于形参和实参的数据类型必须一致,因此在函数 switch 中,将两个形参定义为整型指针(关于指针,将在后一章学习)类型,即地址参数。

5.4.3　return 返回数据

在 C 语言程序中,函数分为有返回值函数和无返回值函数。在有返回值函数中,一定有一条可作用的 return 语句返回函数值。return 语句的格式一般为：

return (表达式);或 return 表达式;

在有返回值的函数中,可以有一条或几条 return 语句,但只能有一条起返回作用。通过 return 语句,程序执行流程从该函数返回到主调函数的调用点,并带回一个确定值。

【例 5.25】　编写一个函数,求 x 的 n 次方的值。

```
double pw(int x, int n)
{
    int i;
    double t=1;
    for(i=1;i<=n;i++)
    {
        t * =x;
    }
    return t;
}
```

5.4.4　全局变量传递数据

全局变量的可作用范围比较大：从定义点开始一直到源文件结束。利用这个特点,全局变量可以很方便地在函数间传递数据。

【例 5.26】 将例 5.24 改写为用全局变量传递数据。

```
#include<stdio.h>
void switch();
int a,b;
void main()
{
    scanf("%d%d",&a,&b);
    switch();
    printf("a=%d,b=%d\n",a,b);
}
void switch()
{
    int t;
    t=a;
    a=b;
    b=t;
}
```

程序运行结果如下:

输入:2 3
输出:a=3,b=2

分析与说明

该程序中将要交换的两个变量定义为全局变量 a 和 b,它们在主函数及 switch 函数中都有效,因此 switch 函数中无须再用形参。

5.4.5 数组作参数

前面介绍了简单变量作函数参数时的数据传递,此外,数组也可以作为函数参数。数组作函数参数的方式有两种:一种是数组中的元素作函数的参数,另一种是数组名作函数的参数。

1. 数组元素作函数参数

数组定义、赋值之后,数组中的元素可以逐一使用,与普通变量相同。由于形参是在函数定义时定义,并无具体的值,因此数组元素只能在函数调用时,作函数的实参。

【例 5.27】 分析程序的执行过程。

```
#include<stdio.h>
void main()
{
    int a[10],b,i;
    for ( i=0; i<10; i++)
```

```
    {
        scanf ("%d",&a[i]);
    }
    b=0;
    for (i=0; i<10; i++)
    {
        b=max(b,a[i]);          /* 循环调用函数,依次用数组中的每一个元素作实参 */
    }
    printf("%d",b);
}
```

分析与说明

当用数组中的元素作函数的实参时,必须在主调函数内定义数组,并使之有值,这时实参与形参之间仍然是"值传递"的方式,函数调用之前,数组已有初值,调用函数时,将该数组元素的值,传递给对应的形参,两者的类型应当相同。

2. 数组名作函数的参数

数组名作函数的参数,必须遵循以下原则:

如果形参是数组形式,则实参必须是实际的数组名;如果实参是数组名,则形参可以是同样维数的数组名或指针(指针的概念将在下一章介绍)。

要在主调函数和被调函数中分别定义数组。

实参数组和形参数组必须类型相同,形参数组可以不指明长度。

在 C 语言中,数组名除作为变量的标识符之外,数组名还代表了该数组在内存中的起始地址,因此,当数组名作函数参数时,实参与形参之间不是"值传递",而是"地址传递",实参数组名将该数组的起始地址传递给形参数组,两个数组共享一段内存单元,编译系统不再为形参数组分配存储单元。

【例 5.28】 求矩阵(3×3)两对角线元素之和。

```
#inclue<stdio.h>
int sum(int array[ ][3])
{
    int i,j,s=0;
    for(i=0;i<3;i++)
    {
        for(j=0;j<3;j++)
        {
            if(i==j||(i+j)==2)
            {
                s+=array[i][j];
            }
        }
    }
    return s;
}
```

```
void main()
{
    int a[3][3],i,j;
    for(i=0;i<3;i++)
    {
        for(j=0;j<3;j++)
        {
            scanf("%d",&a[i][j]);
        }
    }
    printf("the result is %d\n",sum(a));
}
```

程序运行结果如下：

```
1 2 3
4 5 6
7 8 9
the result is 25
```

3. 多维数组作函数的参数

多维数组的元素作函数参数时，与一维数组元素作函数实参是相同的，下面以二维数组为例讨论多维数组名作函数参数的用法。

二维数组名作函数参数时，形参的语法形式是：

类型说明符 形参名[ ][常量表达式 M]

说明：形参数组可以省略第一维的长度，如：

int array[ ][10]

由于实参代表了数组名，是"地址传递"，二维数组在内存中是按行优先存储，并不真正区分行与列，在形参中，就必须指明列的个数，才能保证实参数组与形参数组中的数据一一对应，因此，形参数组中第二维的长度是不能省略的。

调用函数时，与形参数组相对应的实参数组必须也是一个二维数组，而且它的第二维的长度与形参数组的第二维的长度必须相等。

【例5.29】 二维数组举例。

```
#include<stdio.h>
#include<stdlib.h>
#define R 3
#define C 5
void ar_print(double a[][C],int n);
void ar_dou(double a[][C],int n);
int main()
{
```

```
        double ar[R][C]={1,2,3,4,5,6,7,8,9,1,2,3,4,5,6};
        ar_ print(ar,R);
        ar_ dou(ar,R);
        ar_ print(ar,R);
        system("pause");
}
void ar_print(double a[][C],int n)
{
        int i,j;
        for(i=0;i<n;i++)
        {
            for(j=0;j<C;j++)
                printf("%-4.0lf",a[i][j]);
            printf("\n");
        }
}
void ar_dou(double a[][C],int n)
{
        int i,j;
        for(i=0;i<n;i++)
        {
            for(j=0;j<C;j++)
                a[i][j]*=2;
        }
}
```

程序运行结果如下：

```
1   2   3   4   5
6   7   8   9   1
2   3   4   5   6
2   4   6   8   10
12  14  16  18  2
4   6   8   10  12
```

该程序实现的是将二维数组输出，并将二维数组元素翻番，之后再将二维数组输出。其中输出二维数组元素，是由自定义函数 ar_print() 完成的，而将二维数组翻番是由自定义函数 ar_dou( ) 完成的。主函数中两次调用 ar_print() 完成输出原二维数组和翻番后的二维数组。

5.4.6 案例分析：计算平均成绩

问题描述

假设一个班有 50 个学生，在主函数中输入全班的 C 语言成绩，再定义一个函数求平均成绩,在主函数中输出最后结果。

要点解析

由问题描述得知:本程序主函数的主要功能是连续输入 50 个学生的 C 语言成绩,当确切地知道一个过程必须要重复的次数时,使用 for 语句是比较合适的;自定义函数的功能是求主函数中输入的 50 个学生的平均成绩,在主函数中输出平均成绩,显然,自定义函数是一个带有形参且有返回值的函数,其定义格式如下:

```
float score(float n[ ],int x)
```

程序与注释

```c
#include<stdio.h>
/*宏定义:定义符号常量表示学生总人数*/
#define MAX 50
/*函数声明语句*/
float score(float n[ ],int x);
void main( )
{
    int i;
    float stu[MAX];
    printf("input the all score:\n");
    /*for 循环实现 50 个学生的成绩输入*/
    for(i=0;i<50;i++)
    {
        scanf( "%f",&stu[i]);
    }
    printf("\n");
    printf("the average is %.2f\n",score(stu,MAX));
}
/*自定义函数实现平均成绩的计算*/
float score(float n[ ],int x)
{
    int j;
    static float total;          /*定义静态存储变量存储当前分数的统计*/

    for(j=0;j<x;j++)
    {
        total+=n[j];
    }
    return(total/x);
}
```

分析与思考

程序中,主调函数在前,被调函数在后,所以在函数外部使用了函数说明语句,该语句也可放在主函数开头。在主函数的函数调用中,有两个实参。其中 stu 是数组名,数组名表示数组的首地址，可以传递整个数组；MAX 表示数组元素的个数。score 函数中有两个形参，分别对应主函数中的两个实参。因为数组名是地址变量，在函数传递时，stu 将数组的首地址传递给 n[ ]，实际上，实参和形参指向了同一段空间；MAX 和 x 之间依然是值传递。在用一维数组名作函数参数时，实参可以直接用数组名表示，形参必须定义成数组，但可以省略数组长度，如上程序段所示。

5.5 内部函数和外部函数

一个 C 语言程序可以由多个函数组成，这些函数既可以在同一个文件中，也可以在多个文件中。根据这些函数的使用范围，我们可以将它们分为内部函数和外部函数。

1. 内部函数

内部函数又叫静态函数，函数名前需用关键字 static 说明，它只能在定义该函数的文件中被调用，而不能被其他文件中的函数调用。如：

```
static double fun( )
{
    ⋮
}
```

fun 函数的作用范围仅局限于定义 fun 函数的文件中。

2. 外部函数

外部函数的作用域较广，既可以被定义该外部函数的文件调用，也可以被其他文件调用。外部函数的函数名前可用关键字 extern 说明，也可以省略不写。之前我们定义的函数都是省略了存储类型符 extern 的外部函数。

【例 5.30】 有一个程序由两个文件组成。

f1.c 文件中的内容如下：

```
void main( )
{
    extern int fun(char a[100]);
    char buff[100];
    …
    fun( buff);
        ⋮
}
```

f2.c 文件中的内容如下：

```
extern int fun(char a[100])
{
    ⋮
}
```

分析与说明

(1) 函数 fun 是外部函数,其函数名前的关键字 extern 可以省略不写。

(2) 文件 f1 中的主函数要调用文件 f2 中的 fun 函数,只需要加一句函数说明语句即可调用 fun 函数了,由此可知,调用不同文件中的外部函数,只需加相应的函数说明语句即可了。

(3) 如果将 f2 文件中定义的 fun 函数定义为静态函数,则 f1 文件中的主函数不能调用 fun 函数。

5.6 案例分析:学生成绩管理程序

问题描述

为便于成绩处理,某老师需要计算某门课程考试成绩的总成绩、平均成绩以及对成绩进行简单分析(统计各个分数段的人数)。

程序与注释

```
#include<stdio.h>
#define MAXSTUDENTS 30          /*最大学生人数*/
  /*函数声明语句*/
int menu_select();
void sumAndAverageScores(int score[]);
void analysisGrades(int score[]);
int stuscore[MAXSTUDENTS];      /*定义全局变量数组存储学生成绩*/
int count_rs=0;                 /*定义全局变量存储实际的学生人数*/
void main()
{
    while (1)
    {
        witch (menu_select())
        {
        case 1:                 /*计算总成绩和平均成绩*/
            sumAndAverageScores(stuscore);
            break;
        case 2:                 /*成绩分析*/
            analysisGrades(stuscore);
            break;
        case 0:                 /*退出*/
            exit(0);
        }
    }
}
```

```
/*定义菜单显示函数*/
int menu_select()
{
    int option;
    /*----------开始菜单界面输出----------*/
    printf("    |***************学生成绩管理系统***************|\n");
    printf("    |--------------------------------------------|\n");
    printf("    |                主菜单项                     |\n");
    printf("    |--------------------------------------------|\n");
    printf("    |         1---计算总成绩和平均成绩            |\n");
    printf("    |         2---成绩分析                        |\n");
    printf("    |         0---退出系统                        |\n");
    printf("    |--------------------------------------------|\n");
    printf("请输入菜单项目 0~2: \n");
    /*----------结束菜单界面输出----------*/
    do
    {
        scanf("%d",&option);
        if(option<0||option>2)
        {
            puts("输入错误,请重新输入: ");
        }
    }while (option<0||option>2);

    return(option);
}


/*定义函数计算总成绩和平均成绩*/
void sumAndAverageScores(int score[])
{
    int sum=0;                                          /*总成绩*/
    int i;                                              /*学生人数计数变量*/
    float ave;                                          /*平均成绩*/
    for(i=0;i<MAXSTUDENTS;i++)
    {
        printf("第%d个学生的成绩(输入-1则退出): ",i+1);
        scanf("%d",&score[i]);
        if(score[i]==-1)
        {
            break;
        }
        sum+=score[i];
    }
```

```
        count_rs=i;
        ave=(float)sum/count_rs;
        printf("\n%d个学生的总成绩是%d,平均成绩是%.2f\n",count_rs,sum,ave);
}
/*成绩分析*/
void analysisGrades(int score[])
{
        int numberBe90_100=0;                           /*等级为"优秀"人数*/
        int numberBe80_89=0;                            /*等级为"良"人数*/
        int numberBe70_79=0;                            /*等级为"中"人数*/
        int numberBe60_69=0;                            /*等级为"及格"人数*/
        int numberBe0_59=0;                             /*等级为"不及格"人数*/
        int i;
        for(i=0;i<count_rs;i++)
        {
            switch (score[i]/10)
            {
                case 10:
                case 9:
                        numberBe90_100++;
                        break;
                case 8:
                        numberBe80_89++;
                        break;
                case 7:
                        numberBe70_79++;
                        break;
                case 6:
                        numberBe60_69++;
                        break;
                default:
                        numberBe0_59++;
                        break;
            }
        }
        printf("等级为\"优秀\"人数=%d\n",numberBe90_100);
        printf("等级为\"良\"人数=%d\n",numberBe80_89);
        printf("等级为\"中\"人数=%d\n",numberBe70_79);
        printf("等级为\"及格\"人数=%d\n",numberBe60_69);
        printf("等级为\"不及格\"人数=%d\n",numberBe0_59);
}
```

程序运行的主界面如下：

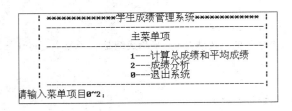

```
**************学生成绩管理系统**************
------------------------------------------
                 主菜单项
------------------------------------------
            1---计算总成绩和平均成绩
            2---成绩分析
            0---退出系统
------------------------------------------
请输入菜单项目0~2:
```

分析与思考

在程序中我们把计算平均成绩和总成绩、成绩分析等不同的任务分别定义成不同的函数。这些函数每一个都有清楚的核心任务并且都不太长。在实际开发中，如果发现一个函数显得太长，应该把它的算法分解成多个子任务，并为每个子任务定义一个独立的函数。这样一来，一方面消除了代码冗余，另一方面它使程序更容易维护和调试(例如，当我们决定改变统计的分数段，只需要修改该函数的部分代码即可)。

5.7 本章小结

本章介绍了函数的概念及定义、声明、调用，介绍了函数的嵌套调用与递归调用，阐述了变量的多种存储类型及生存周期与作用域，重点介绍了函数调用中数据的传递方式。

函数可以作为大型程序的组成模块。每个函数应该实现某个明确的功能。使用参数可以向函数传递数值，并且通过关键字 return 让函数返回一个数值。如果函数返回值的类型不是 int，那么必须在函数定义中以及调用函数的声明中指定函数的返回值类型。如果需要在一个函数中操作它的调用函数中的变量，那么可以使用地址和指针。

在 C 中可以使用函数原型声明，以便编译器检查函数调用时所传递的参数个数及类型是否正确。

C 函数可以调用其自身，这种调用方式被称为递归。有些编程问题借用递归解决方案，但是递归可能会在内存使用和时间花费方面效率低下。

习　题

1. 以下程序的功能是计算 $s = \sum\limits_{k=0}^{n} k!$，补足所缺语句。

```c
#include<stdio.h>
long fun(int n)
{
    int i;
    long m;
    m=① ;
    for (i=1; i<=n; i++)
```

```
            m=②;
        return m;
    }
    void main()
    {
        long m;
        int k,n;
        scanf("%d",&n);
        m=③ ;
        for (k=0; k<=n; k++)
            m=m+④ ;
        printf("%ld \n",m);
    }
```

2. 试写一个函数 void kitty(void),当主程序调用 kitty()时,屏幕上会显示出 "Hello Kitty" 的字符串。

3. 编程实现:从键盘输入一个整数,若是奇数,显示"奇数",否则显示"偶数"。要求定义函数 int isodd(int x),其功能是检查 x 是否为奇数,是则返回 1,否则返回 0。主函数完成键盘输入和屏幕输出。

4. 写一函数,函数的 3 个参数是一个字符和两个整数。字符参数是需要输出的字符。第一个函数说明了在每行中该字符输出的个数,而第二个整数指的是需要输出的行数。编写一个调用该函数的程序。

5. 输入两门功课,其中有两门功课成绩都大于 85 分输出"优秀",否则输出"不优秀"。定义函数 int isexcellent(float x,float y),其功能是检查 x,y 是否都大于 85,是则返回 1,否则返回 0。主函数完成键盘输入和屏幕输出。

6. 写一个判断素数的函数,在主函数输入一个整数,输出是否素数的信息。

7. 写两个函数,分别求两个正数的最大公约数和最小公倍数,用主函数调用这两个函数并输出结果。两个正数由键盘输入。

8. 电文加密。为了保密,往往对电文(原文)进行加密并形成密码文。简单的加密算法是:将字母 A 变成字母 I,a 变成 i,即变成其后的第 8 个字母。这样,U 变成 C,V 变成 D,等等。从键盘输入一串电文,输出其相应的密码。如输入:Welcome to our class. 则输出:Emtkwum bw wcz ktiaa.。要求自定义函数:char fun(char ch),将 ch 进行加密,在主函数输入并输出加密后的电文。

9. 写一自定义函数将一个数组中的元素值按逆序重新存放。例如,原来顺序为 8、7、5、3、2;要求改为 2、3、5、7、8。在主函数中输入数组,输出重新存放后的数组。

函数原型:void arrconverse(int ar[],int n)

10. 用递归的方法求函数 $px(x,n)=x^1+x^2+x^3+x^4+\cdots+x^n$ 的值,函数原型:

double px(double x,int n)

11. 给一个不多于 5 位的正整数,要求分别用 3 个自定义函数求以下问题:

(1) 求出它是几位数。

（2）分别输出每一位数字。

（3）按逆序输出各位数字，例如原数为 321，则输出 123。

12. 自定义函数 power( )，其功能是返回一个 double 类型数的某个负整数次幂。使用循环的方法编写该函数并在一个程序中测试它。

13. 编写并测试函数 larger_of( )，其功能是将两个 double 类型变量的数值替换成他们中的较大者。例如，larger_of(x,y)会把 x 和 y 中的较大者重新赋给变量 x 和 y。

第 **6** 章 指 针

指针是 C 语言中的一个重要概念,也是 C 语言的难点之一。为帮助读者更好地理解和应用指针,本章主要围绕指针是什么、指针有何用以及如何应用展开。只要读者多看、多练、多调试程序,肯定能很好地掌握 C 的精华。

6.1 指针是什么

为了说清楚什么是指针,下面先看看"阿金寻密钥"的故事。

地下工作者阿金接到上级指令,去寻找打开密电码的密钥。几经周折,才探知:一栋小楼的 211 房间里有线索。一个风雪交加的夜晚,阿金潜入了小楼,打开 211 房间,用电筒一照,只见桌上赫然 6 个大字:地址 1100。阿金眼睛一亮,迅速找到 1100 房间,取出重要数据 88,圆满完成了任务。"阿金寻密钥"如图 6-1 所示。

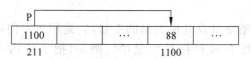

图 6-1 "阿金寻密钥"示意图

如果在程序中定义了变量,编译时就会为变量分配内存单元。内存单元有一个编号,这个编号就是地址,它相当于房间的门牌号。在地址所标志的单元存放数据,相当于房间中存放的数据。

变量的地址与房间的门牌号十分相似,因此,可以这样来看待"阿金寻密钥":密钥 88 藏在一个内存地址单元中,地址是 1100;地址 1100 又由 P 单元所指向,P 单元的地址为 211;找到 88 的直接地址是 1100,间接地址是 211,211 中存的是直接地址 1100。

变量的地址称为变量的指针。如果一个变量专门用来存放另一变量的地址,则它称为指针变量。换句话说,指针变量存储的不是普通的值,而是另外一个变量的地址。例如,在"阿金寻密钥"故事中提到的 P 单元,该单元存放的是地址 1100,即 P 为指针变量,而 1100 则是它的值。

指针变量是一种保存变量地址的变量,因而也具有变量的三个要素,但它是一种特殊的变量,其特殊性表现在它的类型和取值上。具体而言:

(1) 变量名：与一般的变量命名规则相同。

(2) 变量的值：是某个变量的内存地址。

(3) 变量的类型：是指向某变量的类型的指针。

6.2 指 针 变 量

6.2.1 指针变量的定义

指针变量定义的一般形式为：

类型说明符　＊指针变量名

与定义一个普通变量相比，只是在类型标识符后面多了一个星号。例如：

```
int x;                    /*定义 x 为一个整型变量*/
int * pointer;            /*定义 pointer 为一个指向 int 型变量的指针变量*/
float * point;            /*定义 point 为指向 float 型变量的指针变量*/
double * pd;              /*定义 pd 为指向 double 型变量的指针变量*/
```

注意，在定义指针变量时，前面的星号是一个标志，表示该变量为指针变量。这意味着指针变量名是 pointer、point、pd，而不是＊pointer、＊point、＊pd。

6.2.2 指针运算符

1. 取址运算符(＆)

指针变量不同于整型变量及其他类型的变量，它是用来专门存放其他变量的地址的。那么，如何把变量的地址存放到指针变量中？例如，把 x 的内存地址赋值给指针变量 pointer：

```
pointer=x
```

的内存地址，即：

```
pointer=&x;
```

该语句先取出变量 x 的地址，然后将其赋值给变量 pointer，如图 6-2 所示。

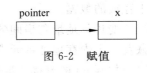

图 6-2　赋值

注意，下面的赋值语句是不合法的：

```
pointer=1000;
```

出错原因在于语句前后的类型不匹配，pointer 为指针类型，而 1000 为整型。更糟糕的是，即便在 1000 前面加上取址运算符＆，改为：

```
pointer=&1000;
```

语句依然不合法。因为整数 1000 并不是变量,在编程时是无法知道其具体地址的,也就无法对其进行取址运算。

【例 6.1】 输出变量的地址。

```
void main()
{
    float f=3.14f;
    float * ptr;                          /*定义 ptr 为指向 float 型变量的指针变量*/
    ptr=&f;                               /*把变量 f 的地址赋给 ptr*/
    printf("变量 f 的值:%f\n",f);          /*输出变量 f 的值*/
    printf("变量 f 的地址:%p\n",&f);        /*输出变量 f 的地址*/
    printf("利用指针变量输出变量 f 的地址:%p\n",ptr);
                                          /*输出变量 f 的地址*/

}
```

程序运行结果:

```
变量 f 的值:3.14
变量 f 的地址:60ff08
利用指针变量输出变量 f 的地址:60ff08
```

本例使用取地址运算符 & 获取变量的地址并输出。程序第 2 行定义了一个指向 float 型变量的指针变量 ptr,但它并未指向任何一个 float 型变量。程序第 3 行的赋值语句就是把变量 f 的地址赋给 ptr,其作用就是使 ptr 指向 f。

通过程序的输出可以看出变量 f 的地址为 60ff08,这是一个十六进制形式的地址。

上述地址依赖于运行程序的那台计算机的状态,因此,读者运行程序可能得到不同的结果。

【例 6.2】 通过 scanf 函数理解指针。

```
void main()
{
    int x;
    int * p=&x;
    printf("请输入一个整数,直接赋给变量 x:");
    scanf("%d",&x);
    printf("x 的值为%d\n",x);
    printf("p 的值为%p\n",p);
    printf("请输入一个整数,通过指针 p 间接赋给变量 x:");
    scanf("%d",p);
    printf("x 的值为%d\n",x);
    printf("p 的值为%p",p);
}
```

程序运行结果:

```
请输入一个整数,直接赋给变量 x:5
x 的值为 5
```

p 的值为 31fab8

请输入一个整数,通过指针 p 间接赋给变量 x:10

x 的值为 10

p 的值为 31fab8

本例中调用了两次 scanf 函数来接收输入,注意这两次的区别:第一次调用时,传入 scanf 的变量 x 前面加上了 &,而第二次调用时传入的变量 p 前面则没有加 &。&x 的意思是对 x 取地址值,可见 scanf 要求传入的参数为变量的地址值。而 p 作为指针变量,本身就是地址,因此不再用 & 对其取地址了。本例中输出了两次 x 的值,每次输出都与输入一致。原因是 p 为指向 x 的指针,对 scanf 而言两次传入的地址值是相同的,所以两次输入是等价的。两次输入都是对 x 值的修改,对 p 的值没有影响。

但是如果在使用 scanf 时,对 p 采取与 x 同样的做法会怎样呢?

【例 6.3】 错误使用 scanf 函数产生的危险。

```
void main()
{
    int x;
    int * p;
    p=&x;
    printf("请输入一个整数,直接赋给变量 x:");
    scanf("%d",&x);
    printf("x 的值为%d\n",x);
    printf("p 的值为%p\n",p);
    printf("请输入一个整数,通过指针 p 间接赋给变量 x:");
    scanf("%d",&p);
    printf("x 的值为%d\n",x);
    printf("p 的值为%p",p);
}
```

程序运行示例:

请输入一个整数,直接赋给变量 x:5

x 的值为 5

p 的值为 30fdlc

请输入一个整数,通过指针 p 间接赋给变量 x:10

x 的值为 10

(调试报错,中断运行)

本例与上一个例子极其相似,唯一的区别在于第二次调用 scanf 时在 p 前面加上了 &。&p 的结果是变量 p 的地址,而 p 本身是储存地址的,因此通过 scanf 修改到的其实是 p 所存储的地址值。本例中输入为 10,因而 p 的值被赋为 0x0000000a。这是一个无效值,程序无法访问,因而出现异常。

实际上,这样做可能会造成比出现程序异常更严重的后果。如果输入了一个有效的地址值,那么 p 就指向了一块完全不知道存放什么数据的存储空间。胡乱修改 * p 可能会造成数据丢失,甚至系统崩溃。所以使用指针时一定要谨小慎微。

2. 指针运算符 *

"间接访问"运算符指针变量存放了另一个变量的地址,由于通过地址能找到变量的内存单元,当然可以对其访问和修改。利用 *(指针运算符)可以访问和修改指针变量所指向的变量。例如:

```
int i=10;                          /* 定义 i 为 int 型数 */
int * pointer=&i;          /* 定义 pointer 为 int 型指针变量并取 i 的地址赋给 pointer */
* pointer=20;                /* pointer 指向的变量即 i 的值修改为 20 */
```

第一行语句定义了一个整型变量并赋初值 10,接下来,定义 pointer 为 int 型指针变量并取 i 的地址赋给 pointer,见图 6-3。

第三行语句表示对 pointer 指向的变量进行赋值,与 i=20 等效,结果如图 6-4 所示。

图 6-3　取 i 的地址给 pointer　　　　图 6-4　pointer 指向的变量赋值

【例 6.4】 取地址和取内容。

```
void main()
{
    int score=88;
    printf("score=%d,&score=%p\n",score,&score);

    int * pn=&score;                /* pn 保存了 score 的地址 */
    printf("pn=%p\n",pn);           /* 输出 pn 的值即 score 变量的地址 */
    printf("&pn=%p\n",&pn);         /* 输出 pn 变量自身的地址 */
    printf(" * pn=%d\n", * pn);     /* 输出数值 */
}
```

程序运行结果:

```
score=88,&score=12FF7C
pn=12FF7C
&pn=12FF78
 * pn=88
```

变量 score 被初始化为 88,变量 pn 初始化为 &score,也就是 score 的地址,所以变量 pn 的值为 12FF7C。则而变量 pn 的地址是 12FF78。一个指针变量的值是一个地址,该地址依赖于运行程序的那台计算机的状态。很多情况下,地址的实际值不是程序员所关心的问题。

值得注意的是程序中"*"的不同含义。程序第 3 行出现的"*"表示定义指针变量 pn。程序最后一行右边的"*"表示指针变量 pn 所指向的变量,即变量 score。

取址运算与取值运算互为逆运算。不难理解:若定义 p 为指针变量,&(*p)==p、

$*(\&p)==p$。因为 $*$ 和 $\&$ 的优先级相同,因此这里也可以将括号去掉,即 $\&*p==$ p、$*\&p==p$。

6.2.3 为何要使用指针

从例 6.2 中可以看出,指针的存在提供了一种共享数据的方法(如指向 x 的指针 p 与 x 共享数据)。使用指针更大的意义在于,这种共享可以在程序的不同位置。这意味着如果在一个地方对共享的数据进行了修改,那么在其他的地方都能看到修改以后的结果。

下面先看一个例子。

【例 6.5】 交换函数——函数参数传值。

```
void swap(int x,int y)
{
    int temp;
    temp=x;
    x=y;
    y=temp;
    printf("x=%d,y=%d\n",x,y);
}
void min()
{
    int a,b;
    a=4;
    b=7;
    swap(a,b);
    printf("a=%d,b=%d\n",a,b);
}
```

程序运行结果:

```
x=7,y=4
a=4,b=7
```

从上面的程序输出可以看出,a 和 b 的值并未交换,它们仍保持原值。当主函数调用 swap()函数时,a 的值传给 x,b 的值传给 y。swap()函数执行结束后,x 和 y 的值实现了互换,但主函数中的 a 和 b 并未互换。这是因为,在 C 语言中,实参变量和形参变量之间的数据传递是单向的"值传递"方式,调用函数对形参变量的修改不能改变实参变量的值。

从内存的角度来看,实际上是主函数的 a 和 b、swap()函数的 x 和 y 所在的存储空间不同。交换 x、y 只是对 x 和 y 的存储空间进行修改,并未影响到 a、b。而且当 swap()调用结束后,为 swap()函数内的变量分配的空间都会被释放掉,任何执行交换痕迹都不会留下,如图 6-5 所示。

函数的参数可以是整形、实型、字符型等数据,也可以是指针类型。指针可以用作函数参数。当函数的某个参数是一个指针时,系统会在函数被调用时将实参的地址传给了

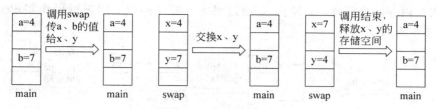

图 6-5　函数参数传值 1

函数,因此函数中对形参内容的任何修改都将直接影响实参的内容。

【例 6.6】　交换函数——传址调用。

```
void swap(int * p1,int * p2)
{
void swap(int * p1,int * p2)
{
    int temp;
    printf("p1 的值=%p,p2 的值=%p\n",p1,p2);
    temp= * p1;
     * p1= * p2;
     * p2=temp;
    printf("交换后,p1 所指向变量的值=%d,p2 所指向变量的值=%d\n", * p1, * p2);
}
void main()
{
    int a,b;
    a=4;
    b=7;
    printf("a 的地址=%p,b 的地址=%p\n",&a,&b);
    swap(&a,&b);
    printf("交换后,a=%d,b=%d\n",a,b);
}
```

程序运行结果:

a 的地址=0060FF0C,b 的地址=0060FF08
p1 的值=0060FF0C,p2 的值=0060FF08
交换后,p1 所指向变量的值=7,p2 所指向变量的值=4
交换后,a=7,b=4

　　注意实参分别是 &a 和 &b,在主函数中,函数调用开始时,实参变量将它的值传送形参变量。在这里,实参是变量 a 和 b 的地址,因此,虚实结合后,指针变量 p1 和 p2 得到的是 a 和 b 的地址,即 p1 指向 a,p2 指向 b。实质上,在本例中,尽管名字和位置不同,* p1 就是 a,* p2 就是 b。

　　从上面的程序输出也可以看出,a 的地址 0060FF0C 与指针变量 p1 的值相等,b 的地址 0060FF08 与指针变量 p2 的值相等。

再次从内存的角度看,p1 与 p2 是通过对 a、b 所在存储空间进行操作实现 a、b 互换的,如图 6-6 所示。

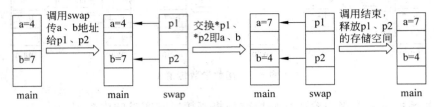

图 6-6　函数参数传值 2

我们知道,函数的调用只能得到一个返回值,但是,利用指针变量作为函数参数可以得到多个变化的值。通过本例读者可以看到,在程序的不同位置、使用指针可访问相同的共享数据。这样就可以实现一般形参无法实现的对实参的修改。

那么是不是使用指针就一定能达到修改共享数据的目的呢?

也不一定。

指针也存在类似实参单向传值给形参的现象,如下面的例子。

【例 6.7】　交换函数——交换失败的传址调用。

```
void swap(int * p1,int * p2)
{
    int * temp;
    temp=p1;
    p1=p2;
    p2=temp;
    printf(" * p1=%d, * p2=%d\n", * p1, * p2);
}
void main()
{
    int a,b;
    a=4;
    b=7;
    swap(&a,&b);
    printf("a=%d,b=%d\n",a,b);
}
```

程序运行结果:

```
 * p1=7, * p2=4
a=4,b=7
```

这里我们传递的是 a、b 的地址值,然而却得到了和例 6.5 几乎一样的结果。原因在于 swap 中只交换了 p1 和 p2 的值,并没有对 a、b 的存储空间进行访问和修改。有意思的是,我们输出 * p1 和 * p2 的值时发现它们是交换了的,而上文我们说过 * p1 就是 a, * p2 就是 b,那是不是 a、b 的值已经交换了呢? 通过运行结果我们知道它们并没有交换。

────────── C 语言程序设计案例教程(第 3 版)

实际上是 p1 和 p2 交换后,*p1 变成了变量 b,*p2 变成了变量 a,但 a 和 b 的值仍是原来的值。&a、&b 与 p1、p2 的关系在这里就类似于实参和形参的关系,参见图 6-7。

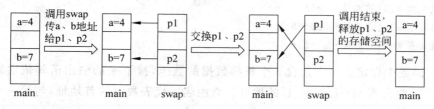

图 6-7   函数参数传值 3

由此可以看出,如果没有使用指针变量所特有的功能,即访问并修改指定地址的数据,使用指针变量的效果和使用一般形参的效果是一样的。这并不奇怪,指针变量虽特殊,但其实质仍是变量。因此使用其他变量时会遇到的问题一样可以在指针身上看到。

6.3   指针与数组

一个数组包含多个元素,这些元素在内存中依次存放,它们的地址是连续的。指针变量既然可以存放普通变量的地址,当然也可以存放数组的首地址或某一元素的地址。

6.3.1   指向数组及数组元素的指针

在 C 语言中,数组名代表数组的首地址,也就是第一个元素的地址。从指针的角度看,数组名是一个指针常量。数组的每个元素都在内存中占用存储单元,它们都有相应的地址。

【例 6.8】   输出数组全部元素的地址——数组下标法。

设一个 a 数组,整型,有 5 个元素。

```c
void main()
{
    int a[5];                          /* 定义 a 为包含 5 个整型数据的数组 */
    int i;
    printf("数组名代表首地址:%p\n",a);      /* 输出数组名 */
    for(i=0;i<5;i++)
    {
        printf("数组元素 a[%d]的地址:%p\n",i,&a[i]);
                                       /* 输出数组元素 a[i]的地址 */
    }
}
```

程序运行结果:

数组名代表首地址:12ff6c

数组元素 a[0]的地址：12ff6c

数组元素 a[1]的地址：12ff70

数组元素 a[2]的地址：12ff74

数组元素 a[3]的地址：12ff78

数组元素 a[4]的地址：12ff7c

在主函数中先定义一个包含 5 个整型数据的数组，接下来的输出语句依次输出数组 a 的地址、数组元素 a[0]、…、a[4]的地址。数组名 a 代表数组的首地址，与第一个元素的地址 a[0]相等。

在本例中，a[0]的地址为 12ff6c（十六进制），而 a[1]的地址：为 12ff70，即 a[0]的地址加上 4 可得到 a[1]的地址。同样，a[1]的地址加上 4 可得到 a[2]的地址。a[3]和 a[4]的地址留给读者计算。可以看出，数组元素的地址可以这样计算出来：设 a 为数组名，则 a[i]＝数组首地址＋i*固定数值。

指向数组及数组元素的指针变量的定义与赋值与前面介绍的指针变量相同。例如：

```
int a[5];
int * ptr=&a[1];
```

在定义指针变量时可以赋给初值，上述第二条语句等同于下面两条语句：

```
int * ptr;
ptr=&a[1];
```

由于数组名代表数组的首地址，也就是第一个元素的地址，因此，下面两条语句等价：

```
ptr=a;
ptr=&a[0];
```

【例 6.9】 输出数组全部元素地址——指向数组的指针法。

在例 6.8 的基础上，要求利用指向数组元素的指针变量输出数组全部元素地址。

```
void main()
{
    int a[5];                           /* 定义 a 为包含 5 个整型数据的数组 */
    int * ptr;                          /* 定义 ptr 为指向整型的指针变量 */
    int i;
    for(i=0;i<5;i++)
    {
        ptr=&a[i];
        printf("数组元素 a[%d]的地址：%p\n",i,ptr);
                                        /* 输出数组元素 a[i]的地址 */
    }
}
```

程序的输出的结果与例 6.8 相同。

C 语言程序设计案例教程(第 3 版)

6.3.2 指针变量的算术运算

1. 指针自增、自减运算

假设 p 为一指向数组元素的指针变量,如果有以下语句:

p++;

则表示 p 指向数组的下一个元素,而并非将 p 值简单地加 1。

现定义整型数组 a[5] 和两个整型指针变量 p、q,p、q 分别指向数组的首地址和最后一个元素的地址。

```
int a[5];                    /* 定义 a 为包含 5 个整型数据的数组 */
int * p=a;                   /* 定义 p 为指向整型的指针变量,并赋初值 */
int * q=&a[4];               /* 定义 q 为指向整型的指针变量,并赋初值 */
```

当执行如下操作时,p 指向数组 a 的下一个元素,q 则指向数组 a 的倒数第二个元素

```
p++;                         /* p++意味着 p 的原值(地址)加 4 个字节 */
q--;                         /* q--意味着 q 的原值(地址)减 4 个字节 */
```

p、q 存储的值的大小也相应发生了改变。由于数组 a 为整型,每个元素占 4 个字节(各种机器对各类数据进行处理时所占字节数有所不同),p 的原值为数组 a 的首地址,则 p++意味着 p 增加 4 个字节,以使它指向下一元素,即 a[1] 的地址。类似地,q 的原值为 a[4] 的地址,q--使其减少 4 个字节,以使它指向前一个元素 a[3] 的地址。

指针自增、自减运算表示指针变量指向下一个或前一个数据。

【例 6.10】 输出数组全部元素地址——指针变量自增。

在例 6.9 的基础上,要求通过指针变量自增来输出数组全部元素地址。

```
void main()
{
    int a[5];                /* 定义 a 为包含 5 个整型数据的数组 */
    int * ptr=&a;            /* 定义 ptr 为指向整型的指针变量,并赋初值 */
    int i;
    for(i=0;i<5;i++)
    {
        printf("数组元素 a[%d]的地址:%p\n",i,ptr);
                             /* 输出数组元素 a[i]的地址 */
        ptr++;
    }
}
```

程序的输出的结果与例 6.8 相同。

2. 指针加减整数运算

【例 6.11】 输出数组全部元素地址——指针变量加下标值。

```
void main()
{
    int a[5];                   /* 定义 a 为包含 5 个整型数据的数组 */
    int * ptr=a;                /* 定义 ptr 为指向整型的指针变量,并赋初值 */
    int i;
    for(i=0;i<5;i++)
    {
        printf("数组元素 a[%d]的地址:%p\n",i,ptr+i);
                                /* 输出数组元素 a[i]的地址 */
    }
}
```

程序的输出的结果与例 6.8 相同。

从本例可以看出,ptr 指向数组元素 a[0]的地址即首地址、ptr+1 与 &a[1]等价、…、ptr+4 与 &a[4]等价,如图 6-8 所示。

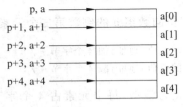

图 6-8　数组元素地址

指针 p 加上或减去 n,其意义是指针当前指向位置的前方或后方第 n 个数据的地址。这种运算的结果值取决于指针指向的数据类型。

注意,如果指针变量没有指向一组连续且有效的地址(如数组),对其使用加减整数运算(包括自增、自减运算)可能会导致指针指向未知数据的地址,从而产生风险。因此在进行该类运算时一定要保证指针变量始终指向数据安全的地址。最好的办法是在运算前使指针变量指向数组的首地址或数组某一元素的地址。还要注意,指针变量所加减的整数不能造成下标越界,否则也会造成相同的隐患。

3. 指针相减运算

仍然采用上面介绍指针自增与自减运算时的例子。当执行如下语句时:

```
int d=q-p;
printf("%d",d);
```

输出的值为 4,即说明 p、q 之间相差 4 个数组元素,从地址上来讲就是相差 4 个整型字节长度,也就是 4×4 共计 16 字节。指向同类型的指针变量才能相减,对不同类型的指针进行此操作是没有意义的。

4. 赋值运算

向指针变量赋的值必须是地址常量或变量,不能是普通整数。但可以赋值为整数 0,表示空指针。空指针表示一个指针不指向任何有效的数据(实际的值为计算机所定义为空的地址,一般为 0x0000000)。一个其值为 0 的指针不同于一个未初始化的指针。一个指针在定义后,是未被初始化的,其值是随机的,即可能指向某个无效的地址,此时若对它进行访问,将会出错。而空指针用来明确地说明一个指针不指向任何有效的数据。将指针赋为空可以在指针尚未初始化时防止其指向危及系统安全的地址,从而加强指针变量的安全性,在技术上又称为指针悬空。

5. 关系运算

指向相同类型数据的指针之间可以进行各种关系运算。如：

```
int a[3]={0,1,2};
int * p=a;
int * q=&a[1];
int x=(q>p);
```

输出 x 的值会发现值为 1。我们知道条件表达式为真时结果为 1，为假时结果为 0。这里 x 的值为 1 说明 q＞p 为真，即 p、q 可以进行关系运算。

指向不同数据类型的指针，以及指针与一般整数变量之间的关系运算是无意义的。指针可以和零之间进行等于或不等于的关系运算。例如：p＝＝0 或 p!＝0（也可用 NULL 来代替 0，写作：p＝＝NULL 或 p!＝NULL）。

6.3.3　案例分析：输出数组全部元素

问题描述

设一个整型数组，包含 10 个元素，用下标法、数组名法、指针法输出数组全部元素。

要点解析

通过指针变量可访问数组中的元素。一个指向数组元素的指针变量实际上就是一个普通的指针变量。一个指针变量一旦指向了一个数组，就可以通过它来访问数组中的元素。

程序与注释

下标法：

```
void main(int argc,char * argv[])
{
    int i;
    int a[10];
    int * p=a;

    for(i=0; i<10; i++)
        scanf("%d",&a[i]);
    printf("下标法>>");
    for(i=0; i<10; i++)
    {
        if(i%5==0)
            printf("\n");
        printf("%6d",a[i]);
    }
    printf("\n 数组名法>>");
    for(i=0; i<10; i++)
    {
```

```
        if(i%5==0)
            printf("\n");
        printf("%6d",*(a+i));
    }
    printf("\n指针法>>");
    for(p=a;p<(a+10);p++)
    {
        if(i%5==0)printf("\n");
            printf("%6d",*p);
        i++;
    }
}
```

分析与思考

由于数组在内存中是连续存放的,当顺序的访问一个数组时,通过对指针进行增量减量运算来访问数组元素要比使用下标变量效率高得多。由于增减量运算本身就含有赋值含义,如p++,它修改了指针p的值,可能会指向数组后面的内存单元,所以要注意其有效范围。

三种方法相比:下标法比较直观;前两种方法执行效率相同;第三种方法效率最高。

6.3.4 下标运算符[]的实质

使用数组时,我们采用“数组名[下标]”的形式来访问和修改数组中指定下标的元素,这似乎是理所当然的。但是如果读者遇到这样的代码:

```
int a[]={0,1,2,3};
int *p=a;
int i;
for(i=0;i<4;i++)
{
    printf("%d",p[i]);
}
```

读者可能会疑惑,指针变量p并没有储存数组元素,但却可以用和数组一样的方式访问数组元素。实际上,下标运算符[]的作用是取数组首地址之后第n个地址中存储的元素,即:a[i]等效于*(a+i)。

我们知道,数组名实际上是一个指针常量,因此下标运算符[]的作用实际上是对所有指针都有效的。所以p[i]与*(p+i)是等效的。

注意,如同指针变量的加减整数运算是有风险的一样,对任意的指针变量使用[]同样也是不安全的。只有当指针变量指向一组连续且有效的地址时,才能保证其安全性(当然下标是不能越界的)。

—————————— C语言程序设计案例教程(第3版)

6.4 指向多维数组的指针

6.4.1 使用二维数组名作为指针访问其元素

设有一个整型二维数组 a[3][4] 如下：

```
0  1  2   3
4  5  6   7
8  9  10  11
```

其定义为

```
int a[3][4]={{0,1,2,3},{4,5,6,7},{8,9,10,11}};
```

设数组 a 的首地址为 1000,各下标变量的首地址及其值如图 6-9 所示。

1000	1004	1008	100c
0	1	2	3
1010	1014	1018	101c
4	5	6	7
1020	1024	1028	102c
8	9	10	11

图 6-9　变量的首地址及其值

前面介绍过,C 语言允许把一个二维数组分解为多个一维数组进行处理,其一维数组的个数由第二维的大小决定。因此数组 a 可分解为三个一维数组 a[0]、a[1]、a[2],每个数组又有4 个元素,如图 6-10 所示。

例如 a[0] 数组,含有 a[0][0]、a[0][1]、a[0][2]、a[0][3] 四个元素。

从二维数组 a 的角度看,数组名 a 既是整个二维数组的首地址,也是数组 a[0] 的首地址。上文说过,数组名实质上是指针常量,因此可以通过加减整数运算访问自己的元素。那么 a 与 a[0]、a[1]、a[2] 三个一维数组与各个元素之间的首地址如图 6-11 所示。

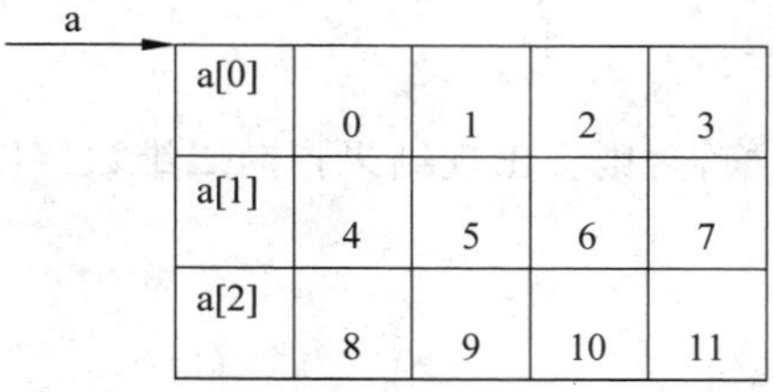

图 6-10　一维数组的元素值

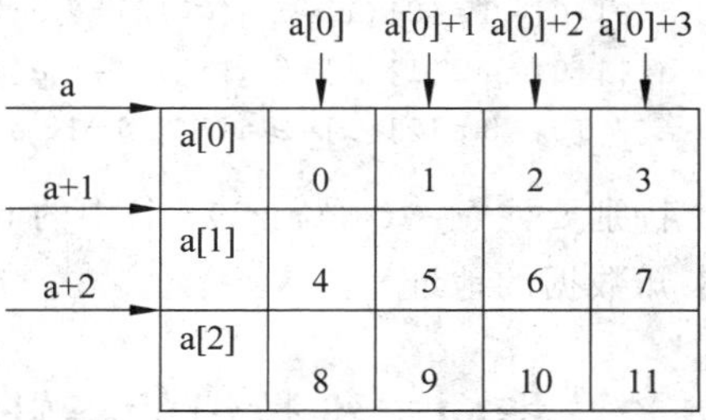

图 6-11　一维数组与首地址的关系

从图 6-11 可以看出, $*(a+1)$ 代表第二行的一维数组 a[1],地址为 1010;而 $*(a[1]+2)$ 代表 a[1][2],地址为 1018。所以 $*(*(a+1)+2)$ 代表元素 a[1][2]因此,要通过二维数组名 a 对其一维数组的元素直接进行访问应采用如下形式：

$$*(*(a+行号)+列号)$$

等效于

a[行号][列号]

因为 & 为 * 的逆运算,所以也可以通过元素 a[1][2]到二维数组名 a 的地址:

&(&a[1][2]-2)-1

即:

&(&(a[行号][列号])-列号)-行号

等效于 a。

【例 6.12】 输出二维数组全部元素——二维数组名作指针。

打印出上面的数组 a[3][4]。

```
void main()
{
    int a[3][4]={{0,1,2,3},{4,5,6,7},{8,9,10,11}};   /*定义二维数组 a*/
    int i,j;
    for(i=0;i<3;i++)
    {
        for(j=0;j<4;j++)
        {
            printf("a[%d][%d]=%d ",i,j,*(*(a+i)+j));
                                    /*输出数组元素 a[i][j]的值*/
        }
        printf("\n");               /*每打印完一个一维数组则打印换行符以进行换行*/
    }
}
```

程序运行结果:

a[0][0]=0 a[0][1]=1 a[0][2]=2 a[0][3]=3
a[1][0]=4 a[1][1]=5 a[1][2]=6 a[1][3]=7
a[2][0]=8 a[2][1]=9 a[2][2]=10 a[2][3]=11

特别要注意 *(*(a+i)+j)中的 i 和 j 不能互换,否则会出现结果指向二维数组以外的未知数据的地址。

6.4.2 指向二维数组的指针变量

因为二维数组名是指针常量,因此不能对其进行修改。如果有多个二维数组,我们想要访问它们中的元素,按上面的方法则需要用每一个二维数组的数组名进行访问,这样效率上相当于直接使用下标法取元素值,没有体现指针的优越性。

对于二维数组,可以像一维数组那样用同类型的指针变量去访问它,只是定义和使用有所区别。

指向二维数组的指针变量的定义形式为:

类型 (＊指针名)[二维数组中每一行的元素个数,即二维数组的列数];

如指向整型二维数组 a[3][4]的指针变量 p 定义应为:

```
int (＊p)[4];
```

注意,该处在 ＊p 上的括号是不能省掉的。因为[]运算符的优先级比 ＊ 运算符高,如果不加括号,则[4]先与 p 结合成 p[4],然后 ＊ 再与 p[4]结合成 ＊(p[4]),这实际上是定义了一个长度为 4 的整型指针数组。有关指针数组的内容将在下一小节进行详细说明,本节我们只讨论指向二维数组的指针变量。

下面两行对指针变量 p 的赋值语句是等效的:

```
p=a;
＊p=a[0];
```

使用指针变量访问二维数组与使用二维数组名的方法是一样的,如使用 p 访问 a[1][2]并将其赋给变量 x:

```
int x=＊(＊(p+1)+2);
```

【例 6.13】 输出二维数组全部元素——指向二维数组的指针。

打印出上面的数组 a[3][4]。

```
void main()
{
    int a[3][4]={{0,1,2,3},{4,5,6,7},{8,9,10,11}};
                                /＊定义二维数组 a 并初始化＊/
    int (＊p)[4]=a;             /＊定义指向二维数组的指针 p 并初始化＊/
    int i,j;
    for(i=0;i<3;i++)
    {
        for(j=0;j<4;j++)
        {
            printf("a[%d][%d]=%d ",i,j,＊(＊(p+i)+j));
                                /＊输出数组元素 a[i][j]的值＊/
        }
        printf("\n");           /＊每打印完一个一维数组则打印换行符以进行换行＊/
    }
}
```

程序的输出的结果与例 6.12 相似。

本例与例 6.12 的区别在于用新定义的指针变量 p 来代替二维数组名,其他内容完全一样,这似乎体现不出指针变量的优越性。实际上使用指针变量的真正目的在于可以对不同的二维数组进行相同的操作,而不需要使用各个二维数组名来编写几乎重复的代码。

【例 6.14】 预订旅馆房间。

现在某城市有三家旅馆 a、b、c,三家旅馆的楼层数分别 3、4、5,每层楼的房间数均为 5。旅馆房间编号从一楼的第一间 101 到顶楼的第五间 x05(如旅馆 a 顶楼为三楼,则最后一间

房间编号为 305）。现在要预订其中某家旅馆的房间,要求按如下形式输出预订的房间:

旅馆名-第几层-第几间-房间编号

用 C 语言实现如下:

```c
#include<stdio.h>
void init_rooms(int (*p)[5],int floor);
void main()
{
    int a[3][5];                    /*定义二维数组 a*/
    int b[4][5];                    /*定义二维数组 b*/
    int c[5][5];                    /*定义二维数组 c*/
    int (*pa)[5];                   /*定义指向一维容量为 5 的二维数组的指针*/

    char hotel;                     /*选择的旅馆*/
    int floor;                      /*选择的楼层*/
    int room;                       /*选择的房间*/

    init_rooms(a,3);                /*给旅馆 a 的房间编号赋值*/
    init_rooms(b,4);                /*给旅馆 b 的房间编号赋值*/
    init_rooms(c,5);                /*给旅馆 c 的房间编号赋值*/

    printf("请选择要预订的旅馆<a,b,c>: ");
    scanf("%c",&hotel);
    printf("请选择楼层");
    switch(hotel)
    {
    case 'a':
        pa=a;
        printf("<一楼到三楼>: ");
        break;
    case 'b':
        pa=b;
        printf("<一楼到四楼>: ");
        break;
    case 'c':
        pa=c;
        printf("<一楼到五楼>: ");
    }
    scanf("%d",&floor);
    printf("请选择房间<第一间到第五间>: ");
    scanf("%d",&room);
    printf("您预订的房间为:\n");
    printf("%c旅馆-第%d层-第%d间-%d房间。",hotel,floor,room,*(*(pa+floor-1)+room-1));
}
void init_rooms(int (*p)[5],int floors)    /*给各个旅馆的房间编号赋值*/
```

```
{
    int room=0;
    int i,j;
    for(i=0;i<floors;i++)
    {
        room=(i+1) * 100;
        for(j=0;j<5;j++)
        {
            ++room;
            * ( * (p+i)+j)=room;            /* 给某旅馆的 i 楼第 j 个房间的房间编号赋值 */
        }
    }
}
```

程序运行示例：

请选择要预订的旅馆<a,b,c>：c
请选择楼层<一楼到五楼>：5
请选择房间<第一间到第五间>：1
您预订的房间是：
c 旅馆-第 5 层-第 1 间-501 房间。

本例以两种形式使用了指向二维数组的指针变量。

第一种是将二维数组名作为参数传递给自定义函数 init_rooms(int (* p)[5],int floors)；这里的 p 是接收不同二维整型数组的指针变量,因此通过对 p 进行操作相当于直接对二维数组进行操作,效果会直接作用到实参上。使用这样的方式进行数组元素的初始赋值是有很大好处的。一方面当数组数量庞大时(如有几百家旅馆),每一个数组不在定义时初始化,而是在定义后通过赋值函数进行自动赋值,节约大量时间的同时也提高了准确率(程序员自己写数据可能会写错,由程序自行算出的更加精准)。另一方面,当初始赋值需要修改时(如房间号要从 101 的形式改成 1001 的形式),只用修改赋值函数中的内容即可,提高了编码效率。

第二种是直接在主函数中使用指针变量 pa。当用户选择了旅馆后,使 pa 指向对应的二维数组,从而可以对选中的旅馆进行下一步操作,而不用再针对每一个旅馆都写一遍相同的操作代码。

实际上,一个城市可能有上百家旅馆,远远超过三家。因此我们可以再用一个数组来保存这些旅馆,这样我们得到一个三维数组：

```
int hotel[100][5][5];
```

相比于二维数组,三维数组及更高维的数组会开辟相当多的内存空间,尤其是第二维以上容量庞大时。因此二维以上的数组在实际中是很少使用的。当数据超过二维时要么想办法将其转存为二维或者一维数组,要么利用数据库来动态加载数据,而不再定义更高维的数组。不过,作为熟悉指向多维数组的指针变量的练习还是可以的,读者可以试试(提示：定义指向三维整型数组的指针变量如下：int (* p)[5][5]＝hotel)。

6.4.3　指针数组

前面提到过,指针数组的定义形式是:

类型说明符　＊指针名[数组长度];

如 int ＊p[3]则定义了一个数组 p,该数组可存放三个整型指针。

注意数组的指针和指针数组在概念和定义上的区别。前者是指针,而后者实际上是数组。

指针数组也可以用来指向多维数组,如二维数组。

【例 6.15】　输出二维数组全部元素——指针数组。

```
void main()
{
    int a[3][4]={{0,1,2,3},{4,5,6,7},{8,9,10,11}};     /＊定义二维数组 a 并初始化＊/
    int ＊ps[3]={a[0],a[1],a[2]};                       /＊定义指针数组 p 并初始化＊/
    int i,j;
    for(i=0;i<3;i++)
    {
        for(j=0;j<4;j++)
        {
            printf("a[%d][%d]=%d ",i,j,＊(＊(ps+i)+j));
                                            /＊输出数组元素 a[i][j]的值＊/
        }
        printf("\n");                  /＊每打印完一个一维数组则打印换行符以进行换行＊/
    }
}
```

程序的输出的结果与例 6.12 相似。

6.4.4　指向指针的指针

当指针指向数组或变量地址时,通过指针可以直接指向变量,这种指向称为"单级间址"。上文说过,指针变量本身也是具有地址的,而指针存储的又是地址值,那么当然可以用一个指针来存储另一个指针的地址值,这种指向称为"多级间址",如图 6-12 所示。

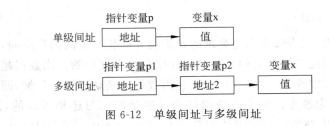

图 6-12　单级间址与多级间址

　　　　　　　　　　　C 语言程序设计案例教程(第 3 版)

图 6-12 多级间址的情况中,指针变量 p1 就是指向指针的指针,它存储的是指针变量 p2 的地址。指针变量 p2 则存储变量 x 的地址。访问 x 时,可通过 * *p1(或直接用 *p2)来取变量 x 的值。

指向指针的指针的一般定义形式为:

类型说明符 * *指针名;

如:int * *p;则定义了一个指向整型指针的指针变量 p。

使用指向指针的指针可以访问和修改指针数组的元素。

【例 6.16】 输出二维数组全部元素——指向指针的指针。

```
void main()
{
    int a[3][4]={{0,1,2,3},{4,5,6,7},{8,9,10,11}};    /*定义二维数组 a 并初始化*/
    int *ps[3]={a[0],a[1],a[2]};                      /*定义指针数组 p 并初始化*/
    int * *pp=ps;                                     /*定义指向指针的指针 pp 并初始化*/
    int i,j;
    for(i=0;i<3;i++)
    {
        for(j=0;j<4;j++)
        {
            printf("a[%d][%d]=%d ",i,j,*(*(pp+i)+j));
                                                      /*输出数组元素 a[i][j]的值*/
        }
        printf("\n");                                 /*每打印完一个一维数组则打印换行符以进行换行*/
    }
}
```

程序的输出的结果与例 6.12 相似。

6.4.5 案例分析:输出二维数组全部元素

问题描述

设一个整型二维数组 a[3][4],用下标法、二维数组名法、指向二维数组的指针法、指针数组法、指向指针的指针法输出数组全部元素。

要点解析

与访问一维数组不同,这里的指针法分为三种。在使用时要注意其概念上的区别。

程序与注释

```
void main()
{
    int a[3][4]={{0,1,2,3},{4,5,6,7},{8,9,10,11}};    /*定义二维数组 a 并初始化*/
    int (*p)[4]=a;                                    /*定义指向二维数组的指针 p 并初始化*/
```

```
    int * ps[3]={a[0],a[1],a[2]};          /*定义指针数组 p 并初始化*/
    int * *pp=ps;                          /*定义指向指针的指针 pp 并初始化*/
    int i,j,k;
    int x;                                 /*表示 a 中的元素,通过不同的方法对其赋值*/
    for(i=0;i<=4;i++)                      /*用 0 到 4 分别指代 5 种不同的访问方式*/
    {
        printf("第%d种访问方式>>\n",i+1);
        for(j=0;j<3;j++)                   /*输出数组元素 a[i][j]的值*/
        {
            for(k=0;k<4;k++)
            {
                switch(i)                  /*通过 i 的值来决定采用何种访问方式*/
                {
                case 0:
                    x=a[j][k];             /*下标法*/
                    break;
                case 1:
                    x= * ( * (a+j)+k);     /*二维数组名法*/
                    break;
                case 2:
                    x= * ( * (p+j)+k);     /*指向二维数组的指针法*/
                    break;
                case 3:
                    x= * ( * (ps+j)+k);    /*指针数组法*/
                    break;
                case 4:
                    x= * ( * (pp+j)+k);    /*指向指针的指针法*/
                }
                printf("a[%d][%d]=%d ",j,k,x);
            }
            printf("\n");                  /*每打印完一个一维数组则打印换行符以进行换行*/
        }
    }
}
```

分析与思考

本案例的重点在于三种指针法的区别。在代码上看,三种方法极其相似,但其本质是不同的。最明显的是它们定义上的区别。如果将二维数组 a 推广到任意行列的二维数组,则三种声明形式分别为:

类型说明符 (* 指向二维数组的指针变量名)[二维数组列数];
类型说明符 * 指针数组名[二维数组行数];
类型说明符 * * 指向指针的指针变量名;

从上面的定义中可以看出：

（1）指向二维数组的指针变量只需指定二维数组列数，所以它处理的实际上是相同长度的一维数组的集合。指向二维数组的指针变量对 x 行、y 列的二维数组的访问方式如图 6-13 所示。

所以 *（*（p＋i）＋j）是指 p 先移动 i 个一维数组的长度，取得 a[i] 的地址后再移动 j 个数组类型的长度，从而取得 a[i][j] 的值。

（2）指针数组只需要指定二维数组的行数，这代表它可以处理不同长度的一维数组的集合。如果用 a_1 到 a_{x-1} 表示一个 x 行的二维数组的每一行，则指针数组对 x 行、最长为 y 列的二维数组的访问方式如图 6-14 所示。

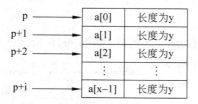

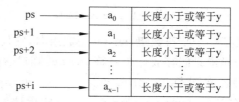

图 6-13　二维数组的访问方式 1　　　　图 6-14　二维数组的访问方式 2

注意 a_1 到 a_{i-1} 的长度不一定相同。通常二维数组的列数都是固定的，常用的列数不同的二维数组是字符串数组。有关字符串的内容将在下节进行讨论。

从上图可知 *（*（ps＋i）＋j）是指 ps 先移动 i 个指针长度（即 4 个字节），取得 a_i 的地址后再移动 j 个数组类型长度，从而取得 a[i][j] 的值。

（3）指向指针的指针变量不需要指定二维数组的行数和列数，这是因为它其实和最终要访问的二维数组没有直接关系。它处理的对象是指针的集合。同样用 a_1 到 a_{x-1} 表示一个 x 行的二维数组的每一行，指向指针的指针变量对 x 行、最长为 y 列的二维数组的访问方式如图 6-15 所示。

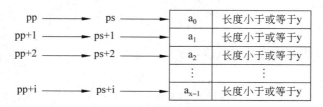

图 6-15　二维数组的访问方式 3

所以 *（*（pp＋i）＋j）是指 pp 先移动 i 个指针长度（即 4 个字节），取得 ps＋i 的地址，再取得 ps＋i 所存储的 a_i 的地址，最后移动 j 个数组类型长度，从而取得 a[i][j] 的值。

综上所述，虽然三种方式在访问二维数组时的写法上几乎完全一样，但其本质还是有很大区别的，尤其是三者地址值的变化情况。

本案例中的前两种方法的效率是一样的。后面的三种方法均比前两种的效率高。

6.5 指针与字符串

6.5.1 字符串的表示方式

在 C 语言中,可以用字符数组或字符指针来表示一个字符串。

1. 用字符数组来存放一个字符串

语句行:

```
char string[]="hello world";
```

定义了一个字符数组,string 是数组名,它代表字符数组的首地址,如图 6-16 所示。每个

数组元素只能存放一个字符,string[6]代表数组中下标为 6 的元素'w',实际上,string[6]与 *(string+6)都指向同一块存储空间,string+6 是指向字符'w'的指针。

值得注意的是,字符串结束标志为'\0'。该标志用于确定字符串的终止位置。在一般情形下,字符串末尾的'\0'不是由系统自动添加的,而必须由程序员自己来设定。字符串结束标志要占一个位置,因此,字符数组的长度必须大于所存放的字符串的长度,如图 6-16 所示。

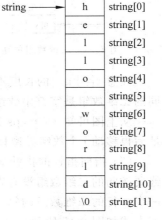

图 6-16 字符串的存放

对字符数组只能对各个元素分别赋值,例如:

```
char names[4];
names[0]='t';
names[1]='o';
names[2]='m';
names[3]='\0';
```

不能用以下方法对字符数组赋值:

```
char names[4];
names="tom";
```

可以在定义字符数组的时候对它进行初始化,例如:

```
char str[ ]={'t','o','m','\0'};
```

等效于

```
char names[ ]="tom";
```

定义行中用一对双引号括起来的一串字符序列"tom"是字符串常量。在 C 语言中,字符串常量和字符数组在内存中的分配方式是一样的,内存会用一个字符数组来存放字符串常量。

字符串常量的使用很简单,如大家熟悉的输出语句:

```
printf("hello,world ");
```

用这种方式存储的字符串可以通过修改字符数组的元素修改其内容。

2. 用字符指针指向一个字符串

可以通过定义一个字符指针,用其指向字符串中的字符,例如:

```
char * str;
str="hello,world";
```

等效于

```
char * str="hello,world";
```

在这里定义了一个字符指针变量 str,并将字符串的首地址(即存放字符串的字符数组的首地址)赋给它。

在输出时,用

```
printf("%s\n",str);
```

%s 表示输出一个字符串。

注意,用指针来指向一个字符串常量,那么该指针当中存放的是字符串的首地址(即存放字符串的字符数组的首地址),而不是把字符串整个放在指针中。字符指针所指向的字符串不能进行修改,这是该存储方式与字符数组不同的地方。

6.5.2　字符串的访问

如前所述,有两种方式表示字符串,因此,对应了两种访问字符串中的方法。具体来讲:

对字符串中单个字符的访问方法:

数组下标法:如 string[i];。

指针法:如 *(string+ i),* string;。

对整个字符串的访问方法:

数组名法:如 printf("%s",string);。

指针法:如 char * p =str;printf("%s",p);。

【例 6.17】 转换字符串字母的大小写函数——通过字符指针向函数传递参数。

```
#include "ctype.h"
void strInvertCase(char * str);
void main()
{
    char str[81];

    printf("请输入字符串,最多不超过 80 个字符>>");
```

```
        scanf("%s",str);
        printf("转换前字符串: %s",str);              /*输出源字符串*/

        strInvertCase(str);                          /*转换字符串中字母的大小写*/
        printf("\n转换后字符串: %s\n",str);          /*输出目标字符串*/
}

void strInvertCase(char * str)                       /*转换字符串中字母的大小写*/
{
        while(* str)                                 /*转换大小写*/
        {
            if(isupper(* str))
                * str=tolower(* str);
            else if(islower(* str))
                * str=toupper(* str);
            str++;                                   /*移到下一个字符*/
        }
}
```

程序运行结果:

请输入字符串,最多不超过 80 个字符>>Hello
转换前字符串: Hello
转换后字符串: hELLO

函数 strInvertCase(char * str)的形参是一个指针类型,因此在转换形参字符串中字母的大小写的同时,转换效果会直接作用到实参上。由于字符串是以空值结尾的字符数组,所以在将字符串传递给函数时,实际上只传递指向字符串开头的指针就可以了。这就是 char 类型的指针。

【例 6.18】 字符串复制函数——通过字符数组向函数传递字符串。

```
int strcopy(char source[],char dest[]);
void main()
{
        char s1[81],s2[81];

        printf("请输入字符串,最多不超过 80 个字符>>");
        scanf("%s",s1);

        strcopy(s1,s2);                              /*将字符串 s1 复制到字符串 s2*/

        printf("源字符串: %s",s1);                   /*输出源字符串*/
        printf("\n目标字符串: %s\n",s2);             /*输出目标字符串*/
}
int strcopy(char source[],char dest[])              /*字符串复制函数*/
```

```
{
    if(!source[0])
        return 0;                        /* 返回失败标志 0 */
    int i=0;
    do{
        dest[i]=source[i++];
    }while (source[i]);
    dest[i]='\0';

    return 1;                            /* 返回成功标志 0 */
}
```

程序运行结果：

请输入字符串，最多不超过 80 个字符>>hello
　　源字符串：hello
　　目标字符串：hello

在函数间传递字符串时，一般都是以整个数组作为参数进行传递的。由于字符数组同样是数组，因此，当将字符数组传递给函数时，实际传递的是字符串的首地址，因此函数对形参字符串的修改将直接作用到实参字符串上。函数的返回值表示复制操作是否成功。在该函数中，如果源串为一个空串，则返回失败标志 0。

在实际应用中，常常将字符串参数说明成一个字符型指针。读者不妨试一试，将字符串复制函数 strcopy() 的参数修改为字符型指针并参考例 6.7 用指针法访问字符串单个字符的方法改写 strcopy()。

6.5.3　字符串数组

上文已经说明字符串可以看作字符数组。那么字符串数组就可当作是字符数组的数组，即二维字符型数组。如：

```
char names[4][8]={"Alen","Bob","Charles","David"};
```

这里的列数 8 实际上是最长的字符串的长度。我们知道多维数组在定义的时候只有最高维的长度可以省略，因此这里的列数是不能省略的。为避免列数不够，一般会将其定义为一个较大的值，以保证有足够的空间。例如下面这段程序要求用户输入登录信息的代码。

【例 6.19】　用户登录信息——二维字符数组保存字符串数组。

```
void main()
{
    char user[2][41];
    printf("请输入用户名：");
    scanf("%s",user);
```

```
        printf("请输入密码：");
        scanf("%s",user+1);
        printf("您的用户名为%s,密码为%s。    ",user,user+1);
    }
```

程序运行示例：

请输入用户名：Jack
请输入密码：OK
您的用户名为 Jack,密码为 OK

这里将 user 的一维长度设为 41，意味着输入的字符串最多可以有 40 个英文字符或 20 个中文字符（为什么不是 41 个？还记得表示字符串结束的字符'\0'也要占一个位置吗？）。

当我们保存好的字符串要作为常量进行使用时，为节约内存空间，可以用指针数组作为参数来传递字符串。

【例 6.20】 用户登录信息——指针数组作为字符串的参数。

```
void userinfo(char * userps[2]);
void main()
{
    char user[2][41];
    char * userps[2]={user[0],user[1]};
    printf("请输入用户名：");
    scanf("%s",userps);
    printf("请输入密码：");
    scanf("%s",userps+1);
    userinfo(userps);
}
void userinfo(char * userps[2])
{
    printf("您的用户名为%s,密码为%s",userps,userps+1);
}
```

程序的输出的结果与例 6.19 相似。

本例与例 6.19 的区别在于使用了指针数组 uersps 来接收并打印字符串。usersps 在内存中空间分配如图 6-17 所示。

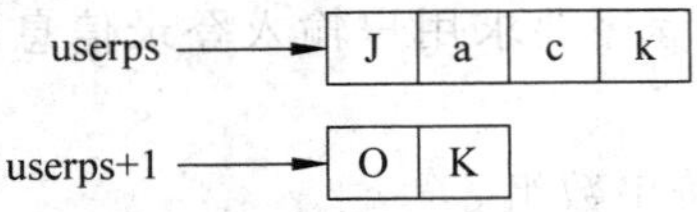

图 6-17　userps 的内存空间分配

可以看出 userps 是按字符串的实际长度分配内存的，相比于字符二维数组节约了不少空间。

使用指针数组的不足在于，不能对所存储的字符串进行修改，也不能增长已存的字符串。而二维字符数组则可以通过访问并修改其字符元素来修改字符串内容，或者对已存的字符串之后的字符进行赋值从而使字符串变长。

6.6 函数型指针

函数型指针指向函数,被指向的函数的返回值为指定的类型,接收的参数为指定的参数。函数型指针的定义形式如下:

类型说明符 (*指针变量名)(参数列表);

如 int (*pf)(int a,int b);定义了一个指向函数的指针 pf,被指向的函数的返回值为整型,接收两个整型参数 a 和 b。

函数型指针的使用方法可参考下面的例子:

【例 6.21】 简单的计算器。

输入两个数,实现这两个数的加减乘除,并输出运算结果。

```
int add(int a,int b);
int sub(int a,int b);
int mul(int a,int b);
int div(int a,int b);
void main()
{
    int a,b,result;           /*定义两个操作数 a、b 和运算得到的结果 result*/
    int operate;              /*定义要进行的运算操作选项 operate*/
    int (*pf)(int a,int b);   /*定义整型函数型指针 pf*/
    printf("请输入两个要计算的数:");
    scanf("%d%d",&a,&b);
    printf("请选择要进行的操作<1-相加 2-相减 3-相乘 4-相除>:");
    scanf("%d",&operate);
    switch(operate)
    {
    case 1:
        pf=add;               /*将 pf 指向 add 函数*/
        break;
    case 2:
        pf=sub;               /*将 pf 指向 sub 函数*/
        break;
    case 3:
        pf=mul;               /*将 pf 指向 mul 函数*/
        break;
    case 4:
        pf=div;               /*将 pf 指向 div 函数*/
    }
    result=(*pf)(a,b);
                  /*用 pf 代替函数调用并得到函数返回值,将返回值存到 result 中*/
```

```
    printf("结果为%d。",result);  /*打印结果*/
}
int add(int a,int b)
{
    return a+b;
}
int sub(int a,int b)
{
    return a-b;
}
int mul(int a,int b)
{
    return a*b;
}
int div(int a,int b)
{
    return a/b;
}
```

程序运行示例：

请输入两个数：1 2
请选择要进行的操作<1-相加 2-相减 3-相乘 4-相除>：1
结果为 3。

通过本例可以看出函数型指针的使用方法：

(1) 首先定义函数型指针,确定函数型指针所指向的函数的返回值类型和参数列表。如本例中的 int（*pf）(int a,int b)；。

(2) 用函数名对函数型指针进行赋值,如本例中的 pf=add；。

(3) 通过函数型指针调用函数,并取得返回值,如本例中的 result=（*pf）(a,b)；。

函数型指针不能进行指针运算,它只是一种代替函数的符号而已。

6.7 指针型函数

前面介绍过,函数类型是指函数的返回值类型。指针型函数,就是返回值为指针常量的函数。定义指针型函数的一般形式为：

类型说明符 *函数名(形参表)
{
    /*函数体*/
}

如：

【例 6.22】 输入整数输出对应是星期几。

输入 0 到 6 之间的一个整数,输出其代表的是星期几。0 到 6 分别对应星期日到星期六。

```
char * day_name(int d);
void main()
{
    int n;
    char * name;
    printf("请输入 0-6 之间的一个整数:");
    scanf("%d",&n);
    name=day_name(n);
    printf("%s",name);
}
char * day_name(int n)
{
    char * name[7]={"星期日","星期一","星期二","星期三",
                    "星期四","星期五","星期六"};
    return name[n];
}
```

程序运行示例:

请输入 0-6 之间的一个整数:6
星期六

函数 day_name 的返回值为字符型指针常量,即字符串。

ANSI 新标准提供了一种 void 指针类型,来表示指针所指向的数据类型是不确定的。在接收 void 指针型函数的返回值时需要进行强制类型转换。如本例中的 day_name 函数也可定义为:

```
void * day_name(int n)
{
    /* 函数体 */
}
```

在调用时加上强制类型转换:

```
name=(char * ) day_name(n);
```

由于强制类型转换会造成数据精度丢失等问题,所以尽量不要使用 void 指针类型作为函数的返回值类型。不过,C 语言自己提供了一些返回值为 void 指针类型的函数,使用它们时必须要强制类型转换,如下面一节将要讲到的 malloc 函数。

6.8　动态分配内存

在定义一个数组时,必须事先指定其长度。例如:

```
int scores[100];
```

或者:

```
#define MAX_SIZE 100;
int scores[MAX_SIZE];
```

有的时候,只有当程序运行以后才知道数组的确切长度。因此,希望这样来定义数组:

```
int scores[程序实际需要的元素个数];
```

但是在 C 语言中,这是不合法的。

C 语言提供的动态内存管理机制,可用来建立变长数组,即在程序运行时根据实际需要分配内存空间。方法是,定义一个指针,然后把动态分配的内存空间的起始地址保存在该指针中,例如:

```
int * scores,nScores;
scanf("%d",&nScores);
scores= (int * )malloc(nScores * sizeof(int));
```

在 C 中,函数 malloc()的说明为:

```
void * malloc(unsigned int size)
```

其中,size 是请求分配的字节数。如果内存分配成功,malloc()返回指向一块内存第一个字节的指针。若系统内存不足,将导致内存分配失败,malloc()返回一个空指针。因此,对 malloc()的返回值进行检查是必要的。

下面几条语句展示了根据实际需要建立变长数组以记录学生成绩的正确方法:

```
int * scores,nScores;
scanf("%d",&nScores);
scores= (int * )malloc(nScores * sizeof(int));
if(!scores){
    printf("内存不足,分配失败!\n");
    exit(1);
}
```

上面的语句利用 sizeof()函数确定各种数据类型要求的字节数,而不必一个个查书或心算。

记住内存使用后,及时回收内存是非常重要的。free()函数用于内存回收。free()函数说明如下：

```
void free(void * p)
```

【例 6.23】 动态分配数组存储学生成绩。

有若干个学生的成绩（每个学生只有一门课程），要求根据实际需要建立变长数组以记录学生成绩。

```
#include "stdlib.h"
void main()
{
    int * scores,nScores;
    scanf("%d",&nScores);
    scores=(int *)malloc(nScores * sizeof(int));
    if(!scores){
        printf("内存不足,分配失败!\n");
        exit(1);
    }
    for(int i=0;i<nScores;i++)
        * (scores+i)=i;
    for(int j=0;j<nScores;j++)
        printf("\t%d ",* (scores+j));
    free(scores);
}
```

6.9 案例分析：学生成绩管理程序

问题描述

假设学生成绩管理程序仅对一门课程的成绩进行处理，主要功能包括：成绩录入，计算总成绩，计算平均成绩，求最高分和最低分，成绩排序。

要点解析

学生成绩管理程序程序由 3 个文件组成：student. h，main. c，student. c。其中student. h 为头文件，包含了编译预处理命令，main. c 实现了程序的主界面，各功能模块的具体实现代码在 student. c 文件中可以找到。

程序与注释

1. student. h-头文件

```
/**************************************************
* File Name: student.h                           *
* Created: 08/02/03                              *
* Author: liuzhaohong                            *
* Description: 此文件的职责为程序的头文件描述        *
**************************************************/
```

```
#ifndef __STUDENT_H                          /* 是否编译过 STUDENT_H 段 */
#define __STUDENT_H                          /* 声明 STUDENT_H 条件编译段 */

/* header file */
#include<stdio.h>                            /* 引入输入输出函数库 */

/* function declaration */
int menu_select();                           /* 菜单选择程序 */

int * initialize(int * number);             /* 初始化 */
void input(int * scores,int number);        /* 数据输入 */
void sort(int * scores,int number);         /* 成绩排序 */
void max_min(int * scores,int number);      /* 求最高分,最低分 */
int average(int * scores,int number);       /* 计算平均成绩 */
int sum(int * scores,int number);           /* 计算总成绩和 */
void output(int * scores,int number);       /* 数据输出 */
int validate(int * scores,int number);      /* 验证参数 */
void wait();                                 /* 等待按键继续 */

#endif                                       /* STUDENT_H 条件编译段结束 */
```

2. main.c-程序的主界面

```
/***********************************************
 * File Name : main.c                          *
 * Created : 08/2/3                            *
 * Author : liuzhaohong                        *
 * Description : 此文件的职责为程序的入口,主函数  *
 ***********************************************/

#include "student.h"                         /* 引入预定义头文件 */

void main()                                  /* 主函数 */
{
    int studentNumber=0;                     /* 保存学生人数 */
    int * scores=NULL;                       /* 保存所有学生信息的动态数组 */

    for(;;)                                  /* 进入菜单选择界面 */
    {
        switch(menu_select())                /* 等待用户输入选择 */
        {
            case 1:                          /* 选择菜单 1 */
                if(scores==NULL){
                scores=initialize(&studentNumber);  /* 初始化 */
                }
```

```c
            else
                printf("只需初始化一次,现在可执行其他功能");

            break;                              /* 跳出 switch,重新进行菜单选择 */

        case 2:                                 /* 选择菜单 2 */

            input(scores,studentNumber);        /* 数据输入 */
            break;                              /* 跳出 switch,重新进行菜单选择 */

        case 3:                                 /* 选择菜单 3 */

            sum(scores,studentNumber);          /* 计算总成绩 */
            break;                              /* 跳出 switch,重新进行菜单选择 */

        case 4:                                 /* 选择菜单 4 */
            average(scores,studentNumber);      /* 计算平均成绩 */
            break;                              /* 跳出 switch,重新进行菜单选择 */

        case 5:                                 /* 选择菜单 5 */
            max_min(scores,studentNumber);      /* 求最高分、最低分 */
            break;                              /* 跳出 switch,重新进行菜单选择 */

        case 6:                                 /* 选择菜单 6 */
            sort(scores,studentNumber);         /* 排序 */
            break;                              /* 跳出 switch,重新进行菜单选择 */

        case 0:                                 /* 选择菜单 0 */
            printf("感谢使用!\n");
            if(scores!=NULL)
                free(scores);                   /* 内存回收 */
            exit(0);                            /* 退出系统 */
        }
    }
    return 0;
}
```

3. student.c-功能代码

```
/*******************************************************************
 * File Name : student.c                                           *
 * Created : 07/9/10                                               *
 * Author : liuzhaohong                                            *
 * Description : 此文件的职责为实现 student.h 程序中定义的函数        *
 *******************************************************************/
```

```
# include "student.h"                                    /* 引入预定义头文件 */

/******************************************************
* Function Name : menu_select                       *
* Description : 菜单选择                             *
* Date : 07/9/10                                     *
* parameter : 无                                     *
* Author : liuzhaohong                               *
******************************************************/
int menu_select()
{
    int menuItem=-1;
    printf("\n\n\n");                                    /* 在屏幕上输出 3 个空行 */

    printf("     |**************学生成绩管理系统*************** |\n");
    printf("     |--------------------------------|\n");
    printf("     |            主菜单项             |\n");
    printf("     |--------------------------------|\n");
    printf("     |        1---初始化               |\n");
    printf("     |        2---成绩录入             |\n");
    printf("     |        3---计算总成绩           |\n");
    printf("     |        4---计算平均成绩         |\n");
    printf("     |        5---求最高分、最低分      |\n");
    printf("     |        6---排序                 |\n");
    printf("     |        0---退出系统             |\n");
    printf("     |--------------------------------|\n");

    do                                                   /* 菜单选择循环 */
    {
        printf("\n 请输入数字(0~ 6)(第一次进入系统请先初始化!):");
        scanf("%d",&menuItem);                           /* 接收用户输入的菜单项编号 */
        fflush(stdin);
                                 /* 刷新内存缓冲区,避免数据类型不匹配造成死循环 */
    } while((menuItem<0) || (menuItem>6));               /* 用户选择了正确的菜单项 */

    return menuItem;                                     /* 返回用户选择的菜单编号 */
}

/**********************************************
* Function Name : initialize                *
* Description : 初始化                       *
* Date : 08/02/15                            *
* parameter : int * number                  *
* Author : liuzhaohong                       *
**********************************************/
```

```c
int * initialize(int * number)                    /* 初始化 */
{
    int temp=0;                                    /* 临时保存学生人数 */
    int i=0;
    int * ptr=NULL;

    do                                             /* 开始循环输入课程成绩 */
    {
        printf("输入实际学生人数>>\n");
        scanf("%d",&temp);                         /* 输入成绩 */
        fflush(stdin);              /* 刷新内存缓冲区,避免数据类型不匹配造成死循环 */
        if((temp>50) || (temp<1))              /* 输入的成绩是否在要求范围内 */
        {
            printf("错误数据,请重新输入,学生人数范围(1-50)\n");
        }
    } while((temp>50) || (temp<1));             /* 输入的成绩是否在要求范围内 */

    * number=temp;
    ptr=(int *)malloc(temp * sizeof(int));  /* 根据需要分配内存 */
    if(!ptr){
        printf("内存不足,分配失败,系统退出!\n");
        exit(0);
    }

    /* 对新分配的内存进行初始化 */
    for(i=0;i< * number;i++){
     * (ptr+i)=-1;              /* 初始化,赋一个不存在的成绩可用于检查用户是否输入 */
    }
    printf("系统初始化成功,执行其他功能!\n");
    return ptr;
}


/***********************************************
* Function Name : input                        *
* Description : 数据输入                        *
* Date : 08/02/15                               *
* parameter : int * scores,int number          *
* Author : liuzhaohong                          *
***********************************************/

void input(int * scores,int number)
{

    int i=0;
    int score=0;                               /* 成绩 */
    int * ptr=scores;
```

```c
    if(!scores){
    printf("请先执行初始化功能\n");
    }
    printf("共需录入%d学生的成绩",number);
    for(i=0; i<number; i++)                    /*循环录入number个学生的成绩*/
    {
        printf("请输入第%d个人的成绩>>",i+1); /*在屏幕上输出提示输入成绩*/
        do                                     /*开始循环输入成绩*/
        {
            scanf("%d",&score);                /*输入成绩*/
            /*刷新内存缓冲区,避免数据类型不匹配造成死循环*/
                fflush(stdin);
            if((score>100) || (score<0))       /*输入的成绩是否在符合要求范围*/
            {
                printf("错误数据,请重新输入,成绩范围(0-100)\n");
            }
        }while((score>100) || (score<0));      /*输入的成绩是否在要求范围内*/
        *(ptr+i)=score;                        /*将当前学生的信息存入学生信息数组*/
        printf("\n");
    }
    output(scores,number);                     /*显示已录入的学生成绩*/
    wait();                                    /*等待按键继续*/
    return;
}


/*****************************************************
* Function Name : sum                            *
* Description : 计算总成绩                        *
* Date : 08/02/15                                *
* parameter : int * scores,int number            *
* Author : liuzhaohong                           *
*****************************************************/
int sum(int * scores,int number)               /*求和*/
{
    int sum=0;
    int * ptr,* ptr_end;

    if(validate(scores,number)<0)              /*参数验证*/
        return 0;

    ptr_end=scores+number;
    for(ptr=scores+1;ptr<ptr_end; ){
        sum+= * ptr;
        ptr++;
    }
    printf("总成绩=%d",sum);
```

```
    wait();                                    /* 等待按键继续 */
    return sum;
}


/************************************************
* Function Name : average                       *
* Description : 求平均成绩                        *
* Date : 08/02/15                                *
* parameter : int * scores,int number            *
* Author : liuzhaohong                           *
************************************************/
int average(int * scores,int number)
{
    int sum=0;
    int * ptr, * ptr_end;

    if(validate(scores,number)<0)               /* 参数验证 */
        return 0;

    ptr_end=scores+number;
    for(ptr=scores+1;ptr<ptr_end; ){
        sum+= * ptr++;
    }
    printf("平均成绩=%d",sum/number);
    wait();                                      /* 等待按键继续 */
    return(sum/number);
}


/************************************************
* Function Name : output                        *
* Description : 数据输出                          *
* Date : 08/02/15                                *
* parameter : int * scores,int number            *
* Author : liuzhaohong                           *
************************************************/
void output(int * scores,int number)
{
    int i=0;                                     /* 记录的行号 */
    if(number<1)
        return;

    printf("\n***********\n");
    printf("| 序号 | 成绩 1 |\n");
    for(i=0; i<number; i++)                      /* 依次输出学生信息数组中每名学生信息 */
    {
```

```
        printf("|------|-------|\n");
        printf("|%3d|%7d|\n",i, * (scores+i));
                              /* 输出数组中当前学生的信息 */
    }
    printf("\n***********\n");


}


/*************************************************
 * Function Name : max_min                       *
 * Description : 求最高分、最低分                   *
 * Date : 08/02/15                                *
 * parameter : int * scores,int number            *
 * Author : liuzhaohong                           *
 *************************************************/
void max_min(int * scores,int number)
{
    int * ptr, * ptr_end;
    int max,min;

    if(validate(scores,number)<0)       /* 参数验证 */
        return;

    ptr_end=scores+number;
    max= * scores;
    min= * scores;
    for (ptr=scores+1; ptr<ptr_end; ptr++){
        if( * ptr>max)max= * ptr;
        if( * ptr<min)min= * ptr;
    }

    printf("最高分=%d,最低分=%d\n",max,min);
    wait();                              /* 等待按键继续 */
}


/*************************************************
 * Function Name : sort                          *
 * Description : 排序                             *
 * Date : 08/02/15                                *
 * parameter : int * scores,int number            *
 * Author : liuzhaohong                           *
 *************************************************/
void sort(int * scores,int number)
{
    int i,j,k,temp;
```

```
    if(validate(scores,number)<0)                    /*参数验证*/
        return;

    for(i=0;i<number-1;i++)
    {
        k=i;
        for(j=i+1;j<number;j++)
            if(*(scores+j)>*(scores+k))k=j;
        if(k!=j)
        {
            temp=*(scores+i);
            *(scores+i)=*(scores+k);
            *(scores+k)=temp;
        }
    }

    output(scores,number);                            /*显示排序后的学生成绩*/
    wait();                                           /*等待按键继续*/
}


/*************************************************
* Function Name : sort                          *
* Description : 验证参数                         *
* Date : 08/02/15                                *
* parameter : int * scores,int number           *
* Author : liuzhaohong                           *
*************************************************/
int validate(int * scores,int number)
{

    int * ptr,* ptr_end;
    if(!scores){
    printf("先初始化系统后,才能使用本功能\n");
    return -1;
    }

    ptr=scores;
    ptr_end=scores+number;
    for( ; ptr<ptr_end; ptr++){
        if(*ptr<0){
        printf("先录入数据后,才能使用本功能\n");
        return -1;
        }
    }
    return 1;
}
```

```
/*************************************************
 * Function Name : wait                          *
 * Description : 等待按键继续                     *
 * Date : 08/02/15                               *
 * parameter :                                   *
 * Author : liuzhaohong                          *
 *************************************************/
void wait()
{
    printf("\n 按任意键继续 \n");
    getchar();
}
```

分析与思考

在程序中把输入、计算平均值、计算总和、等待用户按键等不同的任务分别写在不同的函数里。这些函数每一个都有清楚的核心任务并且都不太长。在实际开发中,如果发现一个函数显得太长,应该把它的算法分解成多个子任务,并为每个子任务定义一个独立的函数。

这样做的好处是显而易见的,例如把等待用户按键的相关代码写在 wait()中,程序多处调用了该函数,这样一来,一方面消除了代码冗余,另一方面它使程序更容易维护和调试(例如,当决定改变按键提示信息,只需要修改该方法的部分代码即可)。

本例所实现的功能相对简单,在本书的第 9 章 综合实训一章中,将给出更加完善的学生成绩管理程序。

6.10　本　章　小　结

本章重点介绍了指针是什么,指针有何用以及如何应用等内容。"指针"是变量的地址,指针变量专门用来存放另一个变量的地址。指针提供了一种共享数据的方法,可以在程序的不同位置、使用不同的名字(指针)来访问相同的一段共享数据。

指针与数组关系密切,同时指针也可以和函数联系起来。本章中有关指针的数据类型的概念众多,且易混淆。表 6-1 是对这些数据类型的定义以及应用的小结(以 int 型为例)。

表 6-1　数据类型的定义及应用

序号	代　　　码	含　　　义
1	int a[3]={0,1,2}; int x=a[1];	定义长度为 3 的整型数组 a 并初始化; 定义整型变量 x 并将 a[1]的值赋给 x
2	int a[3]={0,1,2}; int x=＊(a+1);	定义长度为 3 的整型数组 a 并初始化,其中数组名 a 是值为数组首地址的指针常量; 定义整型变量 x 并将 ＊(a+1)的值赋给 x

序号	代 码	含 义

3	int a[3]={0,1,2};
	int b=3;
	int * p=a;
	
	int * q=&b;
		定义长度为 3 的整型数组 a 并初始化；
		定义整型变量 b 并初始化；
		定义指向整型数据的指针变量 p 并赋值为数组名 a 的首地址，p 指向 a[0]；
		定义指向整型数据的指针变量 q 并赋值为整型变量 b 的地址，q 指向 b

4	int a[3][4]={{0,1,2,3},{3,4,5,6}, {7,8,9,10}}; int x=a[1][2];	定义 3 行 4 列的整型二维数组 a 并初始化； 定义整型变量 x 并将 a[1][2] 的值赋给 x
5	int a[3][4]={{0,1,2,3},{3,4,5,6}, {7,8,9,10}}; int x= * (* (a+1)+2);	定义 3 行 4 列的整型二维数组 a 并初始化，其中数组名 a 是值为第一行第一个元素的首地址的指针常量； 定义整型变量 x 并将 * (* (a+1)+2) 的值赋给 x

6	int
	a[3][4]={{0,1,2,3},{3,4,5,6},
	   {7,8,9,10}};
	int b[4]={0,1,2,3};
	int (* p)[4]=a;
	
	int (* q)[4]=&b;
	
	int x= * (* (p+1)+2);
		定义 3 行 4 列的整型二维数组 a 并初始化；
		
		定义长度为 4 的整型数组 b 并初始化；
		定义指向二维整型数组的指针变量 p 并赋值为指向二维数组名 a 的值，p 指向 a[0]；
		定义指向二维整型数据的指针变量 q 并使其指向一维数组 b 的地址，q 指向 b；
		定义整型变量 x 并将 * (* (p+1)+2) 的值赋给 x

7	int a[3][4]={{0,1,2,3},{3,4,5,6}, {7,8,9,10}}; int * ps[3]={a[0],a[1],a[2]}; int x= * (* (ps+1)+2);	定义 3 行 4 列的整型二维数组 a 并初始化； 定义长度为 3 的整型指针数组 ps 并初始化； 定义整型变量 x 并将 * (* (ps+1)+2) 的值赋给 x

8	int
	a[3][4]={{0,1,2,3},{3,4,5,6},
	   {7,8,9,10}};
	int * ps[3]={a[0],a[1],a[2]};
	int * pp=ps;
	int x= * (* (pp+1)+2);
		定义 3 行 4 列的整型二维数组 a 并初始化；
		
		定义长度为 3 的整型指针数组 ps 并初始化；
		定义指向整型指针的指针变量 pp 并初始化；
		定义整型变量 x 并将 * (* (pp+1)+2) 的值赋给 x

9	int fun(int a,int b)
	{
	 …/ * 函数体 * /
	}
	void main()
	{
	 int (* pf)(int a,int b)=fun;
	 int result=(* pf)(1,2);
	 …/ * 其他代码 * /
	}
		定义整型函数 fun，接收两个整型参数 a、b；
		
		在主函数中定义整型函数型指针 pf，它能指向接收两个整型参数的函数，使 pf 指向函数 fun；
		通过 pf 调用 fun 函数并用 result 接收返回值

10	int * fun()
	{
	 …/ * 函数体 * /
	}
		定义整型指针型函数 fun()，它返回一个整型指针常量

表 6-2 是有关指针的运算的小结。

表 6-2 指针运算的小结

序号	运算名称	代 码	含 义

1	指针自增、自减运算	`int a[3]={0,1,2};`
		`int * p=a;`
		`int i;`
		`for(i=0;i<3;i++)`
		`{`
		    `printf("a[%d]=%d",i+1,`
		    `* p++);`
		`}`
			定义长度为 3 的整型数组 a 并初始化;
			定义指向整型数据的指针变量 p 并赋值为数组名 a 的值,p 指向 a[0];
			通过 for 循环来进行 p 的自增,同时输出每次自增前 * p 的值

2	指针加减整数运算	`int a[3]={0,1,2};`
		`int * p=a;`
		`int i;`
		`for(i=0;i<3;i++)`
		`{`
		    `printf("a[%d]=%d",i+1,`
		    `* (p+i));`
		`}`
			定义长度为 3 的整型数组 a 并初始化;
			定义指向整型数据的指针变量 p 并赋值为数组名 a 的值,p 指向 a[0];
			通过 for 循环来进行 p 与整数 i 的相加运算,运算结果指向 a[i],同时输出 a[i] 的值

3	指针赋值运算	`int fun(int a,int b)`
		`{`
		    `…/ * 函数体 * /`
		`}`
		`void main()`
		`{`
		    `int a[3]={0,1,2};`
		    `int * p=a;`
		    `int q=&a[1];`
		    `int ( * pf)(int a,int b)=fun;`
		    `p=q;`
		    `q=NULL;`
		    `…/ * 其他代码 * /`
		`};i`
			定义长度为 3 的整型数组 a 并初始化;
			定义指向整型数据的指针变量 p 并赋值为数组名 a 的值,p 指向 a[0];
			定义指向整型数据的指针变量 q 并赋值为数组元素 a[1] 的地址,q 指向 a[1];
			定义整型函数型指针 pf,它能指向接收两个整型参数的函数,将其赋值为已经定义好的函数 fun;
			将指针 q 的值赋给指针 p,p 变成指向 a[1];
			
			将 q 的值赋为 NULL,使之为空,即不储存任何地址

4	同类型指针相减运算	`int a[3]={0,1,2};`
		
		`int * p=a;`
		`int q=&a[1];`
		`int x=q-p;`
			定义长度为 3 的整型数组 a 并初始化;
			定义指向整型数据的指针变量 p 并赋值为数组名 a 的值,p 指向 a[0];
			定义指向整型数据的指针变量 q 并赋值为数组元素 a[1] 的地址,q 指向 a[1];
			定义整型变量 x 并将 q−p 的结果赋给 x,结果为 1

序号	运算名称	代　　码	含　　义
5	指针关系运算	int a[3]＝{0,1,2}; int ＊p＝a; int q＝&a[1]; int x＝(q＞p); int y＝(p＝＝NULL);	定义长度为 3 的整型数组 a 并初始化; 定义指向整型数据的指针变量 p 并赋值为数组名 a 的值,p 指向 a[0]; 定义指向整型数据的指针变量 q 并赋值为数组元素 a[1] 的地址,q 指向 a[1]; 定义整型变量 x 并将 q＞p 的结果赋给 x,结果为真,x 的值是 1; 定义整型变量 y 并将 p＝＝NULL 的结果赋给 y,结果为假,y 的值是 1

习　题

1. 定义一个长度为 20 的整型数组 score,输入其所有的元素。

2. 在习题 1 的基础上,用数组名法输出所有的元素。

3. 在习题 1 的基础上,改为用指针法输出所有的元素。

4. 在习题 1 的基础上,定义一个返回值为 void 的函数 sum 来计算总分,在 main 函数中调用并输出总分(注意 sum 函数返回值为空,因此不能让 sum 函数返回总分)。

5. 在习题 1 的基础上,定义一个整型函数 sum(score)来计算总分,再定义一个整型函数 ave(score)来计算平均分。定义一个可以指向这两个函数的整型函数指针 pf,通过用户输入的选项来判断 pf 指向哪个函数,再通过指针调用函数并输出函数的返回值。

6. 定义一个 3 行 20 列的二维整型数组 class_score[3][20],输入其所有的元素。输入提示为:"请输入几班第几个成绩"(如 class[0][1]为 1 班第 2 个成绩)

7. 在习题 6 的基础上,改为用数组名法输出所有的元素。要求输出每个班级前加上一行"几班＞＞"。如在输出 class_score[0]前加上一行"1 班＞＞"。

8. 在习题 6 的基础上,改为用指向二维数组的指针法输出所有的元素。输入要求同第 7 题。

9. 在习题 6 的基础上,定义一个整型指针型函数 pass_number(class_score)来计算每个班的及格人数(成绩大于或等于 60 的人数),在 main 函数中调用并输出每个班的及格人数。

10. 定义一个函数 strlen(char ＊ str),求字符串的长度。功能:测字符串的实际长度(不含字符串结束标志'\0')并作为函数返回值。

11. 定义一个函数 strcmp(char ＊ s1,char ＊ s2),实现字符串比较。功能:按照 ASCII 码顺序比较两个数组中的字符串,并由函数返回值返回比较结果。若字符串 1＝字符串 2 则返回 0;若 s1＞s2 则返回正值;若 s1＜s2 则返回负值。

12. 定义一个能容纳 3 个字符串,且每个字符串长度上限为 40 的字符串数组 strs。再定义一个长度为 3 的字符型指针数组 strsp。输入 3 个字符串并保存在 strs 中,同时将每个字符串的首地址赋给指针数组 strsp 中的每个字符型指针。用习题 10 中定义的 strlen 函数来计算每个字符串的长度并输出,要求传入的参数必须由指针数组 strsp 提供。

在实际编程中,经常需要将不同类型的数据组合成一个有机的整体,便于引用。这些组合在一个整体中的不同类型的数据是相互联系的。例如,学号、姓名、班级、专业等信息都与某一学生相联系。因此,应当把这些项目组合成一个有机整体,以利于组织和引用。C 语言允许用户根据需要建立数据类型,专门对这类数据进行描述。

7.1 结构体类型定义和结构体变量说明

前面章节介绍了一些简单数据类型(整型、实型、字符型),也介绍了数组(一维、二维)的定义和应用,这些数据类型的特点是:当定义某一特定数据类型,就限定该类型变量的存储特性和取值范围。对简单数据类型来说,既可以定义单个的变量,也可以定义数组。而数组的全部元素都具有相同的数据类型。

在日常生活中,常会遇到一些需要填写的登记表,如住宿表、通讯地址等。在这些表中,填写的数据是不能用同一种数据类型描述的,如在住宿表中通常需登记姓名、性别、身份证号码等项目;而在通讯地址表中会填写姓名、邮编、邮箱地址、电话号码、E-mail 等项目。这些表中集合了各种数据,无法用前面学过的任一种数据类型完全描述,因此 C 引入一种能集中不同数据类型于一体的数据类型—结构体类型。结构体类型的变量可以拥有不同数据类型的成员,是不同数据类型成员的集合。

"结构体类型"是一种构造类型,是由若干"成员"组成的。每一个成员可以是一个基本数据类型或者又是一个构造类型。结构体类型是一种"构造"而成的数据类型,因此,在说明和使用之前必须先定义,如同在说明和调用函数之前要先定义函数一样。

7.1.1 结构体类型变量的定义和引用

下面先看表 7-1 所示的学生信息表,它由学号(no),姓名(name),性别(sex),年龄(age),所在系(dept)五列组成。

表 7-1 由 5 列组成,每一列表示学生的一项信息,包括列名(如年龄(age))及列的数据类型(整数)。列名(如年龄(age))和列的数据类型(整数)确定表的结构。表的第一行非常重要,因为它确定了表的具体结构,而表的其他行填写的是某个学生的具体信息,可以称之为一个学生记录。

表 7-1　学生信息表

学号（no）	姓名（name）	性别（sex）	年龄（age）	系（dept）
07001	刘兵	男	18	计科系
07002	李勇	男	17	计科系
07003	何英	女	18	信管系
…	…	…	…	…

显然，要编程处理这张学生表，首先对表结构即表的第一行进行描述。换句话说，需要设计表的列结构，其中包括列名及列的数据类型。

用 C 提供的结构体类型可描述如下：

```
struct student                          /*结构体类型*/
{
    char no[5];                         /*学号*/
    char name[10];                      /*姓名*/
    char sex;                           /*性别*/
    int age;                            /*年龄*/
    char dept[20];                      /*系部*/
};
```

定义结构体类型的一般形式：

```
struct 结构体名
{
    成员列表
};
```

说明：

（1）struct 为定义结构体类型的关键字，不能省略；

（2）"结构体名"用作结构体类型的标志，是用户自定义的结构体类型名，结构体类型名的命名应遵循标识符命名规范。

（3）"成员列表"由若干个成员组成，每个成员都是该结构的一个组成部分。对每个成员也必须作类型说明，其形式为：

```
类型说明符 成员名；
```

成员名的命名应符合标识符的命名规定。

（4）大括号及其后面的分号也是必不可少的。

例如：

```
struct addr                             /*结构体类型*/
{
    char name[20];                      /*姓名*/
    char department[30];                /*部门*/
```

```
        char address[30];                        /*住址*/
        char email[30];                          /*Email*/
};
```

上面定义了一个结构体类型 struct addr,包括 name、department、address 和 email 等四个成员,各成员的数据类型均为字符数组。结构定义之后,即可进行变量定义。凡定义为 struct addr 的变量都由上述 4 个成员组成。由此可见,结构体是一种复杂的数据类型,是数目固定,类型不同的若干有序变量的集合。

7.1.2 结构体类型变量的定义

前面定义了一些结构体类型,这些结构体相当于模型,其中并无具体数据,系统也不为其分配实际的内存单元。为了能在程序中使用结构体类型的数据,应当定义结构体类型的变量,并在其中存放具体的数据。

结构体类型变量的定义比其他类型的变量的定义更加灵活,有三种形式,下面分别加以介绍。

1. 先声明结构体类型,再定义结构体类型变量

例如:

```
struct student                                /*声明学生结构体类型*/
{
        char name[20];                        /*学生姓名*/
        char sex;                             /*性别*/
        long num;                             /*学号*/
        float score[3];                       /*三科考试成绩*/
};
struct student student1,student2;    /*定义结构体类型变量 student1 和 student2*/
```

上面声明了一个学生结构体类型 struct student,并用 struct student 定义两个变量:student1 和 student2,即 student1 和 student2 具有 struct student 类型的结构。

这种定义方法的一般形式为:

```
struct 结构体名
{
        成员列表
};
struct 结构体名 变量名表列;
```

2. 声明结构体类型的同时定义结构体类型变量

例如:

```
struct date                                   /*定义日期结构体类型*/
{
        int day;                              /*日*/
```

```
    int month;                          /* 月 */
    int year;                           /* 年 */
} time1,time2;                          /* 定义日期结构体类型变量 time1 和 time2 */
```

上面声明了一个结构体类型 struct date，同时定义了两个变量：time1 和 time2，即 time1 和 time2 具有 struct date 类型的结构。

这种定义方法的一般形式为：

```
struct 结构体名
{
    成员表列
}变量名表列;
```

3. 直接定义结构体类型变量

例如：

```
struct
{
    char name[20];                      /* 学生姓名 */
    char sex;                           /* 性别 */
    long num;                           /* 学号 */
    float score[3];                     /* 三科考试成绩 */
} person1,person2;                      /* 定义该结构体类型变量 person1 和 person2 */
```

这种定义方法的一般形式如下。

```
struct
{
    成员表列
}变量名表列;
```

第三种方法由于没有为该结构体命名，所以除直接定义外，不能再定义该结构体类型变量。

关于结构体类型，有几点说明：

(1) 类型和变量是不同的概念，不要混同。只能对变量赋值、存取或运算，而不能对一个类型赋值、存取或运算。在编译时，对类型是不分配空间的，只对变量分配空间。

(2) 对结构体中的成员，可以单独使用，它的作用与地位相当于普通变量。

(3) 成员名可与程序中其他变量同名，互不干扰。

(4) 成员也可以是一个结构体变量，即构成了嵌套的结构，如图 7-1 给出的示例。

num	name	sex	birthday			score
			month	day	year	

图 7-1　嵌套的结构体类型

按图 7-1 可给出以下结构声明：

```
struct date                          /* 声明日期结构体类型 */
{
        int month;
        int day;
        int year;
    };
struct                               /* 声明结构体类型 */
{
        int num;                     /* 学号 */
        char name[20];               /* 姓名 */
        char sex;                    /* 性别 */
        struct date birthday;        /* 生日 */
        float score;                 /* 成绩 */
    }boy1,boy2;                      /* 定义学生结构体类型变量 boy1 和 boy2 */
```

首先声明结构 date,由 month(月)、day(日)、year(年)三个成员组成。在定义并说明变量 boy1 和 boy2 时,其中的成员 birthday 被说明为 date 结构类型。

7.1.3 结构体类型变量的引用

在程序中使用结构变量时,往往不把它作为一个整体来使用。在 ANSI C 中除了允许具有相同类型的结构变量相互赋值以外,一般对结构变量的使用,包括赋值、输入、输出、运算等都是通过结构变量的成员来实现的。

表示结构体变量成员的一般形式是:

<类型变量名>.<成员名>

说明:

(1) 不能将一个结构体变量作为一个整体进行输入和输出,必须通过结构变量的成员来实现。“.”称之为成员运算符,它在所有运算符中优先级最高,因此可以将<类型变量名> . <成员名>作为一个整体来看待。

(2) 如果成员本身又属于一个结构体类型,则要用若干个成员运算符,一级一级地找到最低的一级的成员。只能对最低的成员进行赋值、存取和运算。

(3) 对结构体变量的成员像普通变量一样可以参加各种运算。

(4) 可以引用结构体变量成员的地址,也可以引用结构体变量的地址。

例如:

```
struct date                          /* 声明结构体类型 */
{
    int day;                         /* 日 */
    int month;                       /* 月 */
    int year;                        /* 年 */
} time1,time2;                       /* 定义日期结构体类型变量 time1 和 time2 */
```

上面声明了一个结构体类型 struct date，同时，定义了两个变量 time1 和 time2。对变量 time1 和 time2 各成员的引用形式为：time1. day、time1. month、time1. year 及 time2. day、time2. month、time2. yea r，如图 7-2 所示。

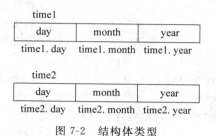

图 7-2　结构体类型

类型变量的各成员与相应的简单类型变量使用方法完全相同。

7.1.4　结构体类型变量的初始化

由于结构体类型变量汇集了各种不同数据类型的成员，所以结构体类型变量的初始化就略显复杂。

对结构体类型变量的三种定义形式均可在定义时初始化。例如：

```
struct stu /＊声明学生结构体类型＊/
{
    char name[20]; /＊ 学生姓名＊/
    char sex; /＊ 性别＊/
    long num; /＊学号＊/
    float score[3]; /＊ 三科考试成绩＊/
};
struct stu student={"liping",'f',970541,98.5,97.4,95};
```

结构体类型变量 student 完成初始化后，各成员的值分别为：student. name ＝ "liping"、student. sex ＝'f'、student. num ＝970541、student. score[0] ＝98. 5、student. score[1] ＝97. 4、student. score[2] ＝95。其存储在内存的情况如图 7-3 所示。

| Liping | f | 970541 | 98.5 | 97.4 | 95 |

图 7-3　内存情况

也可以通过 C 提供的输入输出函数完成对结构体类型变量成员的输入输出。

【例 7.1】　结构体变量举例。

```
#include<stdio.h>
#include<string.h>
void main()
{
    struct stu                          /＊声明学生结构体类型＊/
```

```
    {
        int num;                                        /*学号*/
        char name[20];                                  /*姓名*/
        char sex;                                       /*性别*/
        float score;                                    /*成绩*/
    } boy1,boy2;                                         /*定义学生结构体类型变量*/
    boy1.num=102;
    strcpy(boy1.name,"Zhang ping");                     /*name为字符串,不能用赋值号赋值*/
    printf("input sex and score\n");
    scanf("%c %f",&boy1.sex,&boy1.score);
    boy2=boy1;                                           /*结构体变量赋值*/
    printf("Number=%d\nName=%s\n",boy2.num,boy2.name);
                                                        /*输出结构体变量成员*/
    printf("Sex=%c\nScore=%f\n",boy2.sex,boy2.score);
                                                        /*输出结构体变量成员*/

    }
```

程序运行结果如下:

```
input sex and score
f 78.5
Number=102
Name=Zhang ping
Sex=f
Score=78.500000
```

本程序中用赋值语句给 num 成员赋值。用 scanf 函数动态地输入 sex 和 score 成员值,然后把 boy1 的所有成员的值整体赋予 boy2。最后分别输出 boy2 的各个成员值。本例演示了结构变量的赋值、输入和输出。

7.2　结构体数组的定义和引用

一个结构体变量可以存放一组数据(如一个学生的学号、姓名、成绩等数据)。如果有多个学生的信息需要处理,显然应该使用数组,这就是结构体数组。结构体数组和以前介绍的数值型数组的不同之处在于每个数组元素都是一个结构体类型的数据,它们都分别包含各个成员项。

7.2.1　定义结构体数组

单个的结构体类型变量在解决实际问题时作用不大,一般是以结构体类型数组的形式出现。例如:

```
struct stu                                    /* 声明学生结构体类型 */
{
    char name[20];                            /* 学生姓名 */
    char sex;                                 /* 性别 */
    long num;                                 /* 学号 */
    float score[3];                           /* 三科考试成绩 */
};
struct stu stud[20];        /* 定义结构体类型数组 stud,该数组有 20 个结构体类型元素 */
```

其数组元素各成员的引用形式为:

```
stud[0].name 、stud[0].sex、stud[0].score[i];
stud[1].name、stud[1].sex、stud[1].score[i];
     ⋮
stud[19].name、stud[19].sex、stud[19].score[i];
```

结构体类型数组定义的一般形式为:

```
struct 结构体名
{
    成员表列
};
struct 结构体名 数组名表列;
```

7.2.2　结构体数组的初始化

与其他类型的数组一样,结构体数组可以初始化。

例如:

```
struct stu                                    /* 声明学生结构体类型 */
{
    int num;
    char * name;
    char sex;
    float score;
}boy[5]={
    {101,"Li ping","M",45},
    {102,"Zhang ping","M",62.5},
    {103,"He fang","F",92.5},
    {104,"Cheng ling","F",87},
    {105,"Wang ming","M",58};
};       /* 定义学生结构体类型变量并赋初值 */
```

当对全部元素作初始化赋值时,可不给出数组长度。

从上例可以看出,结构体数组初始化的一般形式为在定义数组的后面加上"={初值表列}；"。

【例 7.2】 结构体数组举例,定义一结构体数组,输入输出其成员值。

```c
#include<stdio.h>
struct stu                                    /*声明结构体*/
{
    char name[20];
    long num;
    float score;
};
void main()
{
    struct stu student[3];                    /*定义结构体类型数组*/
        int i;
        printf("Input 3 students's name,num,score:\n");
        for(i=0;i<3;i++)
        {
            scanf("%s",student[i].name);      /*输入学生姓名出生年月日*/
            scanf("%ld",&student[i].num);     /*输入学生学号*/
            scanf("%f",&student[i].score);    /*输入学生成绩*/
        }
        printf("Output 3 students's name,num,score:\n" );
        for(i=0;i<3;i++)
printf("%10s%10ld%10.2f\n",student[i].name,student[i].num,student[i].score);
                                              /*输出各成员项的值*/
}
```

程序运行结果如下:

```
Input 3 students's name,num,score:
liying
1001
67
wangping
1002
78
xuyan
1003
89
Output 3 students's name,num,score:
    Liying        1001     67.00
    wangping      1002     78.00
    xuyan         1003     89.00
```

7.3　结构体指针的定义和引用

结构体指针变量指向一个结构体变量,变量中的值是所指向的结构体变量的首地址。通过结构指针变量即可访问结构体变量。

7.3.1　指向结构体类型变量的指针

下面先看一个例子,通过该例来介绍结构体指针变量的应用。

【例7.3】　对指向结构体类型变量的正确使用。输入一个结构体类型变量的成员,并输出。

```
#include<stdio.h>
struct stu                              /*声明结构体*/
{
    char name[20];
    long num;
    float score;
};
void main()
{
    struct stu student;                 /*定义结构体类型变量*/
    struct stu * p=&student;            /*定义结构体类型指针并赋值*/
    printf("Input name,num,score:\n");
    scanf("%s",p->name);                /*输入学生姓名*/
    scanf("%ld",&p->num);               /*输入学生学号*/
    scanf("%f",&p->score);              /*输入学生成绩*/
    printf("Output name,num,score:\n" );  /*输出各成员项的值*/
    printf("%10s%10ld%10.2f\n",p->name,p->num,p->score);
}
```

程序运行结果如下:

```
Input name,num,score:
Wangjian
1001
89
Output name,num,score:
  Wangjian    1001     89.00
```

程序首先声明了一个结构体 struct stu。

接下来,在 main()函数中,定义了一个 struct stu 类型的变量 student,然后定义一个 struct stu 类型的指针变量 p 并把 student 的起始地址赋给它。

读者也许已经注意程序中的几条输出语句,例如:

```
scanf("%s",p->name);                                   /* 输入学生姓名 */
```

在该语句中，通过 p->name 的形式访问指针变量 p 所向的结构体变量的成员变量 name。其中->称为指向运算符。

结构体指针变量说明的一般形式为：

```
struct 结构名 *结构指针变量名；
```

结构体指针变量所指向的结构体变量的引用形式为：

```
指针变量->成员
```

与前面讨论的各类指针变量相同，结构体指针变量也必须先赋值后才能使用。赋值是把结构体变量的首地址赋予该指针变量，不能把结构名赋予该指针变量。如果 boy 是被说明为 struct stu 类型的结构体变量，pstu 为 struct stu 类型的指针变量，则 pstu＝&boy 是正确的，而 pstu＝&stu 是错误的。

结构体名和结构体变量是两个不同的概念，不能混淆。结构体名表示一个结构形式，编译系统并不对它分配内存空间。只有当某变量被说明为这种类型的结构时，才对该变量分配存储空间。因此上面 &stu 这种写法是错误的，不可能去取一个结构体名的首地址。有了结构体指针变量，就能更方便地访问结构变量的各个成员。

其访问的一般形式为：

```
(*结构指针变量).成员名
```

或为：

```
结构指针变量->成员名
```

例如：

```
(*pstu).num
```

或者：

```
pstu->num
```

应该注意(*pstu)两侧的括号不可少，因为成员符"."的优先级高于"*"。如去掉括号写作 *pstu.num 则等效于 *(pstu.num)，这样，意义就完全不对了。

7.3.2 指向结构体类型数组的指针的使用

定义一个结构体类型数组，其数组名是数组的首地址，这一点前面的课程介绍得很清楚。定义结构体类型的指针，既可以指向数组的元素，也可以指向数组，在使用时要加以区分。

例如：

```
struct stu                                             /* 声明结构体 */
{
```

```
    char name[20];
    long num;
    float score;
};
struct stu student[3];                      /*定义结构体类型数组*/
struct stu * p=student;                      /*定义结构体类型指针并赋值*/
```

p是指向一维结构体数组的指针,对数组元素的引用可采用三种方法。

1. 地址法

student＋i 和 p＋i 均表示数组第 i 个元素的地址,数组元素各成员的引用形式为:(student＋i)－＞name、(student＋i)－＞num 和(p＋i)－＞name、(p＋i)－＞num 等。student＋i 和 p＋i 与＆student[i]意义相同。

2. 指针法

若 p 指向数组的某一个元素,则 p＋＋就指向其后续元素。

3. 指针的数组表示法

若 p＝student,我们说指针 p 指向数组 student,p[i]表示数组的第 i 个元素,其效果与 student[i]等同。对数组成员的引用描述为:p[i]. name、p[i]. num 等。

【例7.4】 指向结构体数组的指针变量的使用。

```
#include<stdio.h>
struct stu                                  /*声明结构体*/
{
    char name[20];
    long num;
    float score;
};
void main()
{
    struct stu student[3];                  /*定义结构体类型数组*/
        struct stu * p=student;             /*定义结构体类型指针并赋值*/
        int i;
        printf("Input 3 students's name,num,score:\n");
        for(i=0;i<3;i++,p++)
        {
            scanf("%s",p->name);            /*输入学生姓名出生年月日*/
            scanf("%ld",&p->num);           /*输入学生学号*/
            scanf("%f",&p->score);          /*输入学生成绩*/
        }
        printf("Output 3 students's name,num,score:\n" );
        for(i=0,p=student;i<3;i++,p++)
            printf("%10s%10ld%10.2f\n",p->name,p->num,p->score);
                                            /*输出各成员项的值*/
}
```

程序运行结果如下:

```
Input 3 students's name,num,score:
liying
1001
67
wangping
1002
78
xuyan
1003
89
Output 3 students's name,num,score:
    Liying      1001     67.00
    wangping    1002     78.00
    xuyan       1003     89.00
```

7.3.3 案例分析:学生成绩管理程序(结构体指针)

问题描述

编写程序,实现一个简单学生成绩管理程序。要求:假设有 10 名学生 3 门课程,录入考试成绩;显示每个学生的成绩;根据学号查询学生的考试成绩。

要点解析

定义一个结构体数组,再定义一个指向该数组的指针,利用指针引用结构体成员。根据功能要求,可将系统划分成以下几个模块:实现一个功能显示的菜单;输入学生信息;输出学生信息;按学号查询学生信息。

以上四种功能分别用自定义函数实现,在主函数 main()中调用这些函数实现题目要求的功能。

程序与注释

```c
/*引入头文件*/
#include<stdio.h>
#include<stdlib.h>
#include<string.h>

#define MAXSIZE 10          /*定义学生人数*/
#define MAXSUB 3            /*定义课程数目*/
int length;                 /*定义学生的实际人数,全局变量默认初值为 0*/

/*声明学生结构体*/
typedef struct tagStudent_t
{
    char no[11];            /*学号*/
    char name[20];          /*姓名*/
    int score[MAXSUB];      /*各科成绩*/
```

```
}Student;

/* 函数声明 */
char menu_select();
void input(Student * p);
void output(Student * p);
void searchByNo(Student * p);

/* 主函数 */
void main()
{
    Student stus[MAXSIZE];           /* 定义结构体数组 */
    Student * p=stus;                /* 定义结构体指针 */
    while(1)
    {
        switch(menu_select())        /* 循环调用菜单,根据选择实现不同功能 */
        {
        case '1':
            input(p);                /* 录入学生信息 */
            break;
        case '2':
            searchByNo(p);           /* 查询学生信息 */
            printf("按任意键继续…");
            fflush(stdin);           /* 清空缓冲区 */
            getchar();
            break;
        case '3':
            output(p);               /* 输出学生信息 */
            printf("按任意键继续…");
            fflush(stdin);           /* 清空缓冲区 */
            getchar();
            break;
        case '0':
            printf("\n        谢谢使用!\n");
            exit(0);
        }
    }
}


/* 菜单 */
char menu_select()
{
    char MenuItem;                   /* 定义接收输入选择项变量 */
```

```c
    printf("\n ");
    printf("           |*********学生成绩管理系统********* |        \n");
    printf("           |------------------------- |        \n");
    printf("           |            主菜单项          |        \n");
    printf("           |------------------------- |        \n");
    printf("           |     1 --- 录入学生信息         |        \n");
    printf("           |     2 --- 查询学生信息         |        \n");
    printf("           |     3 --- 显示学生信息         |        \n");
    printf("           |     0 --- 退出系统            |        \n");

    do
    {
        printf("\n          请输入选项(0-3): ");
        fflush(stdin);
        scanf("%c",&MenuItem);
        getchar();
    }while(MenuItem<'0'||MenuItem>'3');
                                    /*输入选择项,并检查是否在正确范围内*/


    return MenuItem;
}


/*输入学生信息*/
void input(Student * p)
{
    int i,j;
    char cContinue;                 /*接收用户是否继续输入*/
    int flag=1;                     /*是否继续询问用户标志*/
    fflush(stdin);

    /*循环输入学生信息,下标从已有的学生人数length开始*/
    for(i=length;i<MAXSIZE-1;i++,p++)
    {
        printf("请输入第%d名学生的学号: ",i+1);
        scanf("%s",&p->no);
        printf("请输入姓名: ");
        scanf("%s",&p->name);
        for(j=0;j<MAXSUB;j++)
        {
            printf("请输入第%d门成绩: ",j+1);
            scanf("%d",&p->score[j]);
        }
```

C语言程序设计案例教程(第3版)

```
        length++;                              /*当输入完一个学生信息,学生的实际人数加 1*/
        /*判断是否继续录入学生信息*/
        do
        {
        flag=1;                                /*设置询问是否继续录入结束标志为 1*/
        printf("需要继续录入吗(y/n)?");
        fflush(stdin);                         /*清空缓冲区*/
        scanf("%c",&cContinue);
        getchar();
        switch(cContinue)
        {
            case 'Y':
            case 'y':
                flag=0;                        /*设置结束标志为 0,为 0 结束询问*/
                break;
            case 'N':
            case 'n':
                return;                        /*若输入 n,则返回*/
        }
        }while(flag);                          /*flag 为 0 结束询问*/
    }
}


/*输出学生信息*/
void output(Student * p)
{
    int i,j;

    /*输出学生信息抬头部分*/
    printf("| 学号 |     姓名     |成绩 1|成绩 2|成绩 3 |\n");
    printf("|----|----------|-----|-----|----- |\n");

    /*循环输出所有学生信息*/
    for(i=0;i<length;i++)
    {
    /*输出第 i+1 个学生的学号和姓名*/
    printf("|%-6s|%-14s|",p->no,p->name);

    /*输出第 i+1 个学生的各门课程成绩*/
    for(j=0;j<MAXSUB;j++)
        printf("%7d|",p->score[j]);
    printf("\n");
```

```
    }

/* 按学号查询学生信息 */
void searchByNo(Student  * p)
{
    char no[20];
    int i,j;
    printf("\n请输入学生的学号: ");
    scanf("%s",no);
    for(i=0;i<length;i++)
        if(strcmp(p->no,no)==0)
            break;
    if(i==length)
        printf("您输入的学号不存在!\n");
    else
    {
        printf("|学号|    姓名    |成绩1|成绩2|成绩3|\n");
        printf("|----|----------|-----|-----|-----|\n");
        /* 输出学生的学号和姓名 */
        printf("|%-6s|%-14s|",p->no,p->name);

        /* 输出学生的各门课程成绩 */
        for(j=0;j<MAXSUB;j++)
            printf("%7d|",p->score[j]);
        printf("\n");
    }
}
```

程序运行结果如下:

```
|*********学生成绩管理系统*********|
|            主菜单项            |
|-------------------------------|
|       1---录入学生信息         |
|       2---查询学生信息         |
|       3---显示学生信息         |
|       0---退出系统             |
        请输入选项(0-3):
```

分析与思考

本例中,定义学生实际人数 length 为全局变量,全局变量默认初值为 0,在后面任何一个函数中都可以使用它。输入学生信息后,length 的值加 1。如果我们把学生实际人数 length 定义成局部变量,在输入和输出函数中都要用到 length,因此在 main 函数中调用输入和输出函数就必须传递 length 的值,且输入函数中改变了 length 的值,因此必须把 length 返回到主函数中。所以我们把 length 定义成全局变量,即减少了函数参数的传递又不必设置函数返回值。在输入函数中,设置询问用户是否继续输入的功能,这样满足了用户的需求,显得更人性化。

请读者添加按学号删除学生信息和修改学生信息的功能。

7.4 链 表

链表是一种常见的数据结构。它是动态地进行存储分配的一种结构,由前面的介绍中已知:用数组存放数据时,必须事先定义固定的数组长度(即元素个数)。如果有的班级有 100 人,而有的班级只有 30 人,若用一个数组先后存放不同班级的学生数据,则必须定义长度为 100 的数组。如果事先难以确定一个班级的最多人数,则必须把数组定的足够大,以便能存放任何班级的学生数据,显然这将会浪费内存。链表则没有这种缺点,它根据需要开辟内存单元。图 7-4 表示最简单的一种链表(单向链表)的结构。

图 7-4 链表结构

在图 7-4 中采用了动态分配的办法为一个结构分配内存空间。每一次分配一块空间可用来存放一个学生的数据,我们可称之为一个结点。有多少个学生就应该申请分配多少块内存空间,也就是说要建立多少个结点。当然用结构数组也可以完成上述工作,但如果预先不能准确把握学生人数,也就无法确定数组大小。而且当学生留级、退学之后也不能把该元素占用的空间从数组中释放出来。

用动态存储的方法可以很好地解决这些问题。有一个学生就分配一个结点,无须预先确定学生的准确人数,某学生退学,可删去该结点,并释放该结点占用的存储空间。从而节约了宝贵的内存资源。另一方面,用数组的方法必须占用一块连续的内存区域。而使用动态分配时,每个结点之间可以是不连续的(结点内是连续的)。结点之间的联系可以用指针实现。即在结点结构中定义一个成员项用来存放下一结点的首地址,这个用于存放地址的成员,常把它称为指针域。

可在第一个结点的指针域内存入第二个结点的首地址,在第二个结点的指针域内又存放第三个结点的首地址,如此串连下去直到最后一个结点。最后一个结点因无后续结点连接,其指针域可赋为0。这样一种连接方式,在数据结构中称为"链表"。

图 7-4 中,第 0 个结点称为头结点,它存放有第一个结点的首地址,它没有数据,只是一个指针变量。以下的每个结点都分为两个域,一个是数据域,存放各种实际的数据,如学号 num,姓名 name,性别 sex 和成绩 score 等。另一个域为指针域,存放下一结点的首地址。链表中的每一个结点都是同一种结构类型。结点结构如图 7-5。

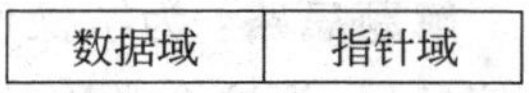

数据域	指针域

图 7-5 结点结构

7.4.1 单链表结点类型的定义

由于一个链表是由许多结点所链接而成的,每一个结点就是一个数据元素,所以我们使用链表前,必须先建立结点。前面介绍过每一个结点包含了数据域和指针域,这两部分是不同的数据类型。在 C 语言中,用来描述不同数据类型的同一类事物的集合,应该使用结构体。所以结点类型声明应用结构体。

例如,一个存放学生学号和成绩的结点应为以下结构:

```
struct stu
{
    int num;
    int score;
    struct stu * next;
};
typedef struct stu Lnode;
```

前两个成员项组成数据域,后一个成员项 next 构成指针域,它是一个指向 struct stu 类型结构的指针变量。因为下一个结点类型和本结点类型相同。所以 next 为指向 struct stu 类型结构的指针变量。然后我们利用 typedef 为类型 struct stu 另取一个名字 Lnode,因此后面我们就可以用 Lnode 代替 struct stu。如:Lnode * p;其中 p 就是 struct stu 类型的指针。这样使用起来更简单。

7.4.2 单链表的建立

所谓建立单链表是指在程序执行过程中从无到有地建立起一个链表,即一个一个地开辟结点和输入各结点数据,并建立起前后相连的关系。

在 C 语言中,我们使用标准库函数 malloc()可以动态分配内存。使用方法如下:

```
Lnode * p;
p= (Lnode * )malloc(sizeof(Lnode));
```

上面的语句,定义了一个结点类型的指针变量 p,然后使用 malloc 函数开辟一个结点的内存空间,同时让 p 指向了该结点。因此结点的成员项可以通过指针来引用。如: p->num,p->score,p->next。

当不需要 p 指向的结点时,可以用标准库函数 free(p)来释放 p 所指向的结点空间,即系统收回 p 所指向的结点空间,让其成为闲置空间。

【例 7.5】 输入学生学号和成绩,建立学生成绩的单链表,当输入学号为 0 时结束。

解题思路:为了操作方便,我们建立的单链表为带头结点的单链表。当输入一个学生信息后,为这个学生信息申请一个结点,然后将该结点插入到链表的尾部,然后输入下一个学生信息,依次循环,直到输入的学号为 0 结束循环。最后不要忘记让链表的尾结点的指针域为 NULL。

因此,程序中需要定义三个指针,head,pnew,prear。它们都是用来指向 Lnode 类型的指针,头指针 head：指向链表的第一个结点,代表整个链表；pnew 指向待插入的新结点；prear 指向当前链表的最后一个结点。

所以,创建单链表的过程如下：

（1）定义结点结构；

（2）定义头指针,申请头结点；

（3）生成新结点：

　　★ 分配存储空间

　　　❖ pnew＝（Lnode ＊）malloc(sizeof(Lnode))

　　★ 为数据域赋值

（4）在原链表尾（prear 之后）插入新结点：

prear->next=pnew;

　　★ pnew 成为新的尾结点：prear＝pnew;

（5）创建结束,尾结点处理：prear->next＝NULL。

因此,创建单链表的程序如下：

```
#include<stdio.h>
#include<stdlib.h>
struct node{
    int num;
    int score;
    struct node * next;
};                                      /＊定义学生结点类型＊/
typedef struct node Lnode;              /＊为学生结点类型另取名称＊/
Lnode * creat()                         /＊创建单链表＊/
{
    Lnode    * pnew, * prear, * head;
    int x;
    int grade;
    head=(Lnode ＊)malloc(sizeof(Lnode));    /＊申请头结点＊/
    prear=head;           /＊当前链表只有一个头结点,因此头结点也是该链表的尾结点＊/
    printf("请输入学号和成绩,当输入学号为 0 结束：\n");
    scanf("%d%d",&x,&grade);                 /＊输入第一个学生的信息＊/
    while(x!=0)
    {
        pnew=(Lnode ＊)malloc(sizeof(Lnode));   /＊申请新结点＊/
        pnew->num=x;                            /＊填充结点的数据域＊/
        pnew->score=grade;                      /＊填充结点的数据域＊/
        prear->next=pnew;                       /＊将新结点链接到原链表的尾结点后＊/
        prear=pnew;                             /＊让 prear 指向新的尾结点＊/
        scanf("%d%d",&x,&grade);                /＊输入下一学生的信息＊/
```

```
    }
    prear->next=NULL;                              /* 让尾结点的指针域为空 */
    return head;
}
```

7.4.3 单链表的输出

将单链表的各结点的学生信息依次输出,这个问题比较简单。

【例 7.6】 依次输出单链表中学生的信息。

解题思路

首先要知道链表的头指针,也就是 head 的值,然后设置一个指针变量 p,让它指向第
一个结点,然后输出该结点的信息,然后使 p 后移一个结点,让它指向它的下一个结点,即
p=p->next;再输出,直到 p 指向的为 NULL 结束。

根据上面的思路,写出如下程序:

```
#include<stdio.h>
#include<stdlib.h>
struct node{
    int num;
    int score;
    struct node * next;
};                                                /* 定义学生结点类型 */
typedef struct node Lnode;                         /* 为学生结点类型另取名称 */
void output(Lnode * head)                          /* 输出链表函数 */
{
    Lnode * p=head->next;                          /* 让 p 指向第一个元素结点 */
    if(p==NULL)
    {
        printf("链表为空!\n");
        return;
    }
    while(p!=NULL)
    {
        printf("%-5d%-5d\n",p->num,p->score);      /* 输出该结点的学生信息 */
        p=p->next;                                 /* 让 p 指向下一个元素结点 */
    }
}
```

如果需要运行例 7.5 和例 7.6,查看结果是否正确,需要把它们加在一起,加上一个
主函数,组成一个完整的程序。具体如下:

【例 7.7】 输入学生学号和成绩,建立学生成绩的单链表,当输入学号为 0 时结束。
然后依次输出单链表中学生的信息。

```
#include<stdio.h>
```

```
#include<stdlib.h>
struct node{
    int num;
    int score;
    struct node * next;
};                                          /* 定义学生结点类型 */
typedef struct node Lnode;                  /* 为学生结点类型另取名称 */
Lnode * creat();                            /* 声明创建链表函数 */
void output(Lnode * head);                  /* 声明输出链表函数 */
int main()                                  /* 主函数 */
{
    Lnode * head=NULL;                      /* 定义头指针 */
    head=creat();                           /* 调用创建链表函数 */
    output(head);                           /* 调用输出链表函数 */
    system("pause");
    return 0;
}
Lnode * creat()                             /* 创建单链表 */
{
    Lnode    * pnew, * prear, * head;
    int x;
    int grade;
    head=(Lnode * )malloc(sizeof(Lnode));   /* 申请头结点 */
    prear=head;              /* 当前链表只有一个头结点,因此头结点也是该链表的尾结点 */
    printf("请输入学号和成绩,当输入学号为 0 结束:\n");
    scanf("%d%d",&x,&grade);                /* 输入第一个学生的信息 */
    while(x!=0)
    {
        pnew=(Lnode * )malloc(sizeof(Lnode)); /* 申请新结点 */
        pnew->num=x;                        /* 填充结点的数据域 */
        pnew->score=grade;                  /* 填充结点的数据域 */
        prear->next=pnew;                   /* 将新结点链接到原链表的尾结点后 */
        prear=pnew;                         /* 让 prear 指向新的尾结点 */
        scanf("%d%d",&x,&grade);            /* 输入下一学生的信息 */
    }
    prear->next=NULL;                       /* 让尾结点的指针域为空 */
    return head;
}
void output(Lnode * head)                   /* 输出链表函数 */
{
    Lnode * p=head->next;                   /* 让 p 指向第一个元素结点 */
    if(p==NULL)
    {
        printf("链表为空!\n");
        return;
    }
```

```
while(p!=NULL)
{
    printf("%-5d%-5d\n",p->num,p->score);    /* 输出该结点的学生信息 */
    p=p->next;                               /* 让 p 指向下一个元素结点 */
}
}
```

程序运行结果如下:

请输入学号和成绩,当输入学号为 0 结束:

1 69

2 89

3 95

0 0

1   69

2   89

3   95

7.5 共　用　体

先举一个例子,假设教师和同学们要填写这样的一张表格,包括姓名、年龄、职业、单位。其中,"职业"一项可分为"教师"和"学生"两类。对于"单位",学生应填入班级编号,教师则应填教研室。班级用整数表示,教研室用字符表示。把这两种类型不同的数据都填入"单位"这个表格单元格中,就必须告诉"教师"和"学生","单位"为包含整型和字符型这两种类型的"共用"。

"共用"与"结构"有一些相似之处。但两者有本质上的不同。在结构中各成员有各自的内存空间,一个结构变量的总长度是各成员长度之和。而在"共用"中,各成员共享一段内存空间,一个共用变量的长度等于各成员中最长的长度。应该说明的是,这里所谓的共享不是指把多个成员同时装入一个共用变量内,而是指该共用变量可被赋予任一成员值,但每次只能赋一种值,赋入新值则覆盖旧值。如前面介绍的"单位",如定义为一个可装入"班级"或"教研室"的共用后,就允许赋予整型值(班级)或字符串(教研室)。要么赋予整型值,要么赋予字符串,不能把两者同时赋予它。共用类型的定义和共用变量的说明一个共用类型必须经过定义之后,才能把变量说明为该共用类型。

因此,所谓共用体类型是指将不同的数据项组织成一个整体,它们在内存中占用同一段存储单元。

7.5.1 共用体的定义

共用体定义的一般形式为:

union 共用体名

```
        {成员表列};
    例如:

union data                                          /*定义共用体类型*/
{
    int a ;                                         /*成员 a*/
    float b;                                        /*成员 b*/
    double c;                                       /*成员 c*/
    char d;                                         /*成员 d*/
}obj;                                               /*定义共用体类型变量 obj*/
```

上面定义了一个共用体数据类型 union data,同时定义共用体数据类型变量 obj。共用体数据类型与结构体在形式上非常相似,但其表示的含义及存储是完全不同的。

【例 7.8】 共用体举例。

```
#include<stdio.h>
union data                                          /*定义共用体类型*/
{
    int a ;                                         /*成员 a*/
    float b;                                        /*成员 b*/
    double c;                                       /*成员 c*/
    char d;                                         /*成员 d*/
}mm;                                                /*定义共用体类型变量 mm*/
struct stud                                         /*结构体*/
{
    int a;
    float b;
    double c;
    char d;
};
void main()
{
    struct stud student;                            /*定义结构体类型变量 student*/
    printf("%d,%d",sizeof(struct stud),sizeof(union data));
}
```

程序运行结果如下:

24,8

程序的输出说明结构体类型所占的内存空间为其各成员所占存储空间之和。而形同结构体的共用体类型实际占用存储空间为其最长的成员所占的存储空间。

对共用体的成员的引用与结构体成员的引用相同,但由于共用体各成员共用同一段内存空间,使用时,根据需要使用其中的某一个成员。从图中特别说明了共用体的特点,方便程序设计人员在同一内存区对不同数据类型的交替使用,增加灵活性,节省内存。

7.5.2 共用体变量的引用

可以引用共用体变量的成员,其用法与结构体完全相同。若定义共用体类型为:

```
union data                                      /*共用体*/
{
    int a;
    float b;
    double c;
    char d;
}mm;
```

其成员引用为:mm.a,mm.b,mm.c,mm.d。但须引起注意的是,不能同时引用四个成员,在某一时刻,只能使用其中之一的成员。

【例7.9】 对共用体变量的使用。

```
#include<stdio.h>
void main()
{
    union data                                  /*定义共用体类型*/
    {
        int a;
        float b;
        double c;
        char d;
    }mm;                                        /*定义共用体类型变量 mm*/
    mm.a=6;                                      /*赋值*/
    printf("%d\n",mm.a);                         /*输出成员*/
    mm.c=67.2;                                   /*赋值*/
    printf("%5.1lf\n",mm.c);                     /*输出成员*/
    mm.d='W';                                    /*赋值*/
    mm.b=34.5;                                   /*赋值*/
    printf("%5.1f,%c\n",mm.b,mm.d);              /*输出成员*/
}
```

程序运行结果如下:

```
6
67.2
34.5,
```

程序最后一行的输出是我们无法预料的。其原因是连续做 mm.d='W';mm.b=34.5;两个连续的赋值语句最终使共用体变量的成员 mm.b 所占四字节被写入 34.5,而写入的字符被覆盖了,输出的字符变成了符号“=”。事实上,字符的输出是无法得知的,由写入内存的数据决定。

7.6 枚 举

在实际问题中,有些变量的取值被限定在一个有限的范围内。例如,一个星期内只有七天,一年只有十二个月,一个班每周有六门课程等等。如果把这些量说明为整型,字符型或其他类型显然是不妥当的。为此,C 语言提供了一种称为"枚举"的类型。在"枚举"类型的定义中列举出所有可能的取值,被说明为该"枚举"类型的变量取值不能超过定义的范围。应该说明的是,枚举类型是一种基本数据类型,而不是一种构造类型,因为它不能再分解为任何基本类型。

7.6.1 枚举类型的定义和枚举变量的说明

1. 枚举的定义

枚举类型定义的一般形式为:

```
enum 枚举名
{ 枚举值表 };
```

在枚举值表中应罗列出所有可用值。这些值也称为枚举元素。

例如:

```
enum weekday                          /*定义枚举类型*/
{ sun,mou,tue,wed,thu,fri,sat };
```

该枚举名为 weekday,枚举值共有 7 个,即一周中的七天。凡被说明为 weekday 类型变量的取值只能是七天中的某一天。

2. 枚举变量的说明

如同结构和联合一样,枚举变量也可用不同的方式说明,即先定义后说明,同时定义说明或直接说明。设有变量 a,b,c 被说明为上述的 weekday,可采用下述任一种方式:

```
enum weekday
{
  ⋮
};
enum weekday a,b,c;
```

或者为:

```
enum weekday
{
  ⋮
}a,b,c;
```

或者为:

```
enum
```

```
{
   ⋮
}a,b,c;
```

7.6.2 枚举类型变量的赋值和使用

枚举类型在使用中有以下规定：

(1) 枚举值是常量，不是变量。不能在程序中用赋值语句再对它赋值。例如对枚举 weekday 的元素再作以下赋值：sun＝5;mon＝2;sun＝mon；都是错误的。

(2) 枚举元素本身由系统定义了一个表示序号的数值，从 0 开始顺序定义为 0,1, 2…。如在 weekday 中,sun 值为 0,mon 值为 1,…,sat 值为 6。

【例 7.10】 枚举类型变量的举例 1。

```
#include<stdio.h>
void main()
{
    enum weekday                        /*定义枚举类型*/
    { sun,mon,tue,wed,thu,fri,sat } a,b,c; /*定义枚举类型变量 a,b,c*/
    a=sun;
    b=mon;
    c=tue;
    printf("%d,%d,%d",a,b,c);           /*输出枚举类型变量的值*/
}
```

程序运行结果如下：

```
0,1,2
```

(3) 只能把枚举值赋予枚举变量,不能把元素的数值直接赋予枚举变量。

如 a=sum;b=mon;是正确的;而 a＝0;b＝1;是错误的。

如一定要把数值赋予枚举变量,则必须用强制类型转换,如：a＝(enum weekday)2; 其意义是将顺序号为 2 的枚举元素赋予枚举变量 a,相当于 a＝tue;还应该说明的是枚举元素不是字符常量也不是字符串常量,使用时不要加单、双引号。

【例 7.11】 枚举类型变量的举例 2。

```
#include<stdio.h>
void main()
{
    enum body                           /*定义枚举类型*/
    { a,b,c,d } month[31],j;            /*定义枚举类型数组 month 和变量 j*/
    int i;
    j=a;
    for(i=1;i<=30;i++)
    {
        month[i]=j;
```

```
        j++;
        if (j>d) j=a;
    }
    for(i=1;i<=30;i++)
    {
        switch(month[i])
        {
            case a:printf(" %2d %c\t",i,'a'); break;
            case b:printf(" %2d %c\t",i,'b'); break;
            case c:printf(" %2d %c\t",i,'c'); break;
            case d:printf(" %2d %c\t",i,'d'); break;
            default:break;
        }
    }
    printf("\n");
}
```

程序运行结果如下：

```
 1 a   2 b   3 c   4 d   5 a   6 b   7 c   8 d   9 a  10 b
11 c  12 d  13 a  14 b  15 c  16 d  17 a  18 b  19 c  20 a
21 a  22 b  23 c  24 d  25 a  26 b  27 c  28 d  29 a  30 b
```

7.7 本章小结

　　结构体和共用体是两种构造类型数据，是用户定义新数据类型的重要手段。它们之间有很多相似之处，都由成员组成。成员可以具有不同的数据类型。成员的表示方法相同。

　　在结构体中，各成员都占有自己的内存空间，它们是同时存在的。一个结构变量的总长度等于所有成员长度之和。在共用中，所有成员不能同时占用它的内存空间，它们不能同时存在。共用变量的长度等于最长的成员的长度。

　　"."是成员运算符，可用它表示成员项，成员还可用"-＞"运算符来表示。

　　结构体定义允许嵌套，结构体中也可用共用作为成员，形成结构和共用的嵌套。

　　枚举是一种基本数据类型。枚举变量的取值是有限的，枚举元素是常量，不是变量。枚举变量通常由赋值语句赋值，而不由动态输入赋值。枚举元素虽可由系统或用户定义一个顺序值，但枚举元素和整数并不相同，它们属于不同的类型。因此，也不能用 printf 语句来输出元素值（可输出顺序值）。

习　题

　　1. 定义一个结构体模板，保存一个月份名，一个 3 个字母的该月份的缩写、该月份的天数以及月份号。

2. 在上题的基础上,定义一个可以存放一年中每个月信息的结构体数组。

3. 尝试自己分析一本书所应该包含的数据项及每项数据的数据类型,然后定义成结构体。

4. 利用结构体编制一程序,实现输入 10 个学生的学号、姓名、年龄和 3 门课程的期末成绩,然后输出这 10 个学生的信息。要求分别利用两个自定义函数实现学生信息的输入和输出。

5. 用结构体存放表 7-2 中的数据,然后输出每人的姓名和实发数(基本工资＋浮动工资－支出)。

表 7-2　工资表

姓名	基本工资	浮动工资	支出
Zhao	240.00	400.00	75.00
Qian	360.00	120.00	50.00
Sun	560.00	0.00	80.00

6. 编写一个函数 output,打印一个学生的成绩数组,该数组中有 5 个学生的数据记录,每个记录包括 num,name,score[3],用主函数输入这些记录,用 output 函数输出这些记录。

7. 在上题的基础上,编写一个函数 input,用来输入 5 个学生的数据记录。

8. 有 10 个学生,每个学生的数据包括学号、姓名、3 门课的成绩,从键盘输入 10 个学生数据,要求打印出 3 门课总平均成绩以及最高分的学生的数据(包括学号、姓名、3 门课的成绩、平均分数)。

9. 编写一个程序。请求用户键入日、月和年。月份可以使月份号、月份名或月份缩写。然后程序返回当年年初到键入日期(包括这一天)的总天数。

10. 写一个程序,满足下列要求:

a. 外部定义一个 name 结构模板,它含有 2 个成员:一个字符串用于存放名字,另一个字符串用于存放姓氏。

b. 外部定义一个 student 结构模板,它含有 3 个成员:一个 name 结构,一个存放 3 个浮点数分数的 grade 数组以及一个存放这 3 个分数的平均分的变量。

c. 使 main() 函数声明一个具有 CSIZE(CSIZE＝4)个 student 结构的数组,并随意初始化这些结构的名字部分。使用函数来执行 d、e、f 以及 g 部分所描述的任务。

d. 请求用户输入学生姓名和分数,以交互的获取每个学生的成绩。将分数放到相应结构的 grade 数组成员中。您可以自主选择在 main() 或一个函数中实现这个循环。

e. 为每个结构计算平均分,并把这个值赋给适合的成员。

f. 输出每个结构中的信息。

g. 输出结构的每个数值成员的班级平均分。

第 8 章 文 件

学习了 C 语言的许多数据类型后,可以采用这些数据类型描述一系列数据,完成特定的程序设计任务。但是,前面的数据类型有一个共同特点——所有的数据都暂存在内存中。数据量的大小受内存的限制,如过大的数组会导致操作系统运行效率急剧下降;而且,当程序运行结束之后,程序所有的变量都将随之消失,这些数据只能在程序的同一次运行周期内使用。显然,当一个程序希望使用另一个程序的数据(变量),使用上一次的执行结果时,前面所学到的数据类型就无法满足需求。

在实际应用中,常常需要对大量数据进行处理,如信息管理、数值分析等。通常的做法是把数据集中起来以文件的形式存储在外存中,文件类型为程序与外部设备(如硬盘、打印机、光驱等)进行数据交换提供了一个有效的途径。本章主要介绍 C 语言读写文件的方法。

8.1 文件的基本概念

一般来说,每台计算机都有一个操作系统负责管理计算机的各种资源。操作系统的文件系统负责将外部设备(如硬盘、打印机、光驱等)的信息组织方式进行统一规划,提供统一的程序访问数据的方法。

8.1.1 文件概述

所谓"文件"是指一组相关数据的有序集合。实际上在前面的各章中我们已经多次使用了文件,例如源程序文件、目标文件、可执行文件、库文件(头文件)等。由于文件存储在外存中,外存的信息相对于内存来说是海量的,而且出于安全、规范的角度,不能够允许程序随意使用外存的信息,因此,当程序要使用文件时必须向操作系统申请使用,操作系统按规则授权给程序后程序才可以使用,使用完毕后,程序应该通知操作系统。

由于内存的处理速度要比外存快得多,在读写外存中的文件时需要用到缓冲区。所谓缓冲区是在内存中开辟的一段区域,当程序需要从外存中读取文件中的数据时,系统先读入足够多的数据到缓冲区中,然后程序对缓冲区中的数据进行处理。当程序需要写数据到外存的文件中时,同样要先把数据送入到缓冲区中,等缓冲区满了后,再一起存入外存中。所以程序实际上是通过缓冲区读写文件的。

根据缓冲区是否有计算机系统自动提供,可以分为缓冲文件系统和非缓冲文件系统。缓冲文件系统由系统提供缓冲区,非缓冲文件系统由程序员在程序指定缓冲区。大多数的 C 系统都支持这两种处理文件的方式,例如 UNIX 使用缓冲文件系统处理文本文件,使用非缓冲文件系统处理二进制文件,但 ANSI C 标准只选择了缓冲文件系统。本书只介绍缓冲文件系统的使用。

从 C 语言的角度看,文件实际上是一个存储在外存中的由一连串字符(字节)构成的任意信息序列,即字符流。C 程序需要按照特定的规则去访问这个序列。C 语言中的文件是逻辑的概念,除了大家熟悉的普通文件外,所有能进行输入输出的设备都被看做是文件,如打印机、磁盘机和用户终端等。

终端文件中有 3 个文件是特殊的,每个 C 程序都用到。这 3 个文件是:标准输入文件(stdin)对应键盘,标准输出文件(stdout)对应终端屏幕,标准出错信息文件(stderr)对应终端屏幕。这 3 个文件对所有的 C 程序都是自动设置和打开的。当程序调用 getchar()和 scanf()时,就是从标准输入文件(键盘)读取信息;调用 putchar()和 printf()就是向标准输出文件(屏幕)输出信息。

8.1.2　文件的类别

对于操作系统来说,文件就是一个以字节为单位的信息流序列。如果将 C 语言涉及的所有数据存储在文件中,必然有一个约定规则。一个整数存储在文件中可以有多种方式。如整数 28036 存储在文件中可以直接存储 2 个字节 0x0B 和 0x14,也可以直接存储它的正文方式——'2' '8' '0' '3' '6'。前者称为二进制方式,后者称为文本方式(亦称正文方式)。

以文本方式存储信息的文件称为文本文件(亦可称为正文文件),非文本方式存储的文件称为二进制文件(也可称为非文本文件)。为方便叙述,本书统一称为文本文件和二进制文件。文本文件采用特定的符号,作为信息之间的分隔,如'\n','\r',具体的使用参见标准输入输出 printf()的格式部分。

文本文件是把数据当作一个一个字符存储相应的码值,在采用 ASCII 码的计算机系统中存放的就是字符 ASCII 码,可见文本文件具有以下的特点:

(1) 方便人工阅读,并且可以直接采用编辑工具输入、阅读、修改文本文件的数据。文本文件存储数据无须太多的约定,可以将简单类型的数据直接写入到文本文件中,对于结构等非简单数据存储到文本文件中就必须逐个分量读写。

(2) 内存中的数据存储形式和存储到文本文件中的数据存储形式不一致,因此所有需要存储到文本文件中的数据必须先转换为文本,这本身需要时间、空间开销。

二进制文件是按照数据的二进制代码形式直接存入到文件中,二进制文件的特点有:

(1) 直接将字节流写入文件,方便快捷。不需要做过多的转换,节约时间、空间。

(2) 存放到二进制文件中的数据代码和内存中的数据代码是一致的。

—————— C 语言程序设计案例教程(第 3 版)

（3）可以存储任意内存数据，只需要将数据作为一块二进制序列即可。

8.1.3　文件的操作流程

　　既然文件的数据存储在外存中，其存取访问方式肯定不同于前面讨论的数据类型。文件的使用方式与操作系统有着密切的关系。C语言对文件的使用是通过一系列库函数来实现，读写文件必须遵循一定的步骤。

　　C语言程序是通过与操作系统的交互达到对文件进行操作的目的。C语言对文件的操作可归纳为如下形式：

```
if 打开文件失败
    {    显示失败信息
    }
else
    {    按要求读写文件的内容
        关闭文件

    }
```

8.2　常用文件操作的标准函数

　　标准C定义的文件库函数原型在＜stdio.h＞头文件中。本节学习文件的打开、读写、关闭以及一些常用的函数。

8.2.1　文件的打开

　　fopen 函数用于打开文件。fopen 函数的原型为：

```
FILE * fp;
fp=fopen(文件名,使用文件方式);
```

　　例如：

```
fp=fopen("stu","r");
```

表示打开名为 stu 的文件，使用的方式为读入，其中 r 代表读入。

　　常见的模式包括 r、w、a、rb、wb、ab、r＋、w＋、a＋、r＋b 或 rb＋、w＋b 或 wb＋、a＋b 或 ab＋。其中要注意修改模式符"＋"是不单独使用的，它需要和 r、w、a 等模式符一起使用。"b"如果添加到模式字符串中，表示要操作的文件是二进制文件。具体的使用方式可参考表 8-1。

表 8-1 文件操作方式

文件方式参数	含 义
r	只读方式打开。如果文件不存在,函数返回 NULL
w	写方式打开。如果文件不存在,则创建它;如果文件存在,则删除它,再创建一个新的空文件
a	按增加方式打开。如果文件不存在,则创建一个空文件;如果文件存在,则新的数据写到文件最后
b	按二进制文件打开,不加此选项的为文本文件
＋	修改(读或写)模式,需要和 r、w、a 一起使用

例如,"r＋"表示打开一个文本文件(该文件应该已经存在),可以对文件进行读或写操作,写入文件的新数据添加在文件的开头,覆盖原有的内容。"w＋"表示创建一个新文件,可对该文件进行读写操作。"a＋"模式表示打开一个文件,可对该文件进行读或者附加操作,如果该文件已经存在,则写入的数据附加在该文件的末尾,如果该文件不存在,则创建新文件。

fopen 返回的是一个指向 FILE 的指针,这个文件指针通常被称为文件句柄,以后对该文件的所有操作全部利用该指针进行,不再使用文件名。如果打开文件失败,则fopen()返回 NULL。造成文件不能成功打开的原因有多种,如打开的文件不存在,文件所在的磁盘未准备好或者磁盘未格式化等。

FILE 是系统定义的描述文件信息的结构类型标识符,用来记录文件数据流的控制信息,包括文件读写指针、缓冲区、出错标志、文件结束标志等。一般在 stdio.h 文件中定义。

【例 8.1】 按只读方式打开一个文本文件,文件名从键盘输入,程序代码片段如下:

```
FILE * fp;
char filename[20];
printf("please input filename:");
scanf("%s",filename);
if ((fp=fopen(filename,"r"))==NULL)          /* 判断打开的文件是否存在 */
{    printf("Error opening the file\n");
     exit(1);                                /* 其中 exit()作用是中断程序的执行 */
}
```

8.2.2 文件的关闭

文件使用结束后应及时关闭,切断文件指针和文件的联系,防止出现对文件的误用。用 fclose 函数可关闭已经打开的文件。fclose 函数的原型为:

```
int fclose(FILE * fp);
```

例如:

```
fclose(fp);
```

fclose 函数也带回一个返回值,当顺利的执行了关闭操作,则返回值为 0;否认返回
EOF(−1)。

及时关闭打开的文件是个好习惯,如果不关闭文件将会导致数据丢失。

文件打开之后,就可以对它进行读写操作了,对文件的读写操作分为文本文件读写和
二进制文件读写,下面分两种情况加以介绍。

8.2.3　文本文件的读写

C 语言中文本文件存储信息的方法是以文本的形式完成的,因此把程序中的数据存
储在文本文件中,需要将其格式转换为文本的形式。例如 28036(十六进制形式为
0x6D84)存储在文本文件中,需要存储 5 个字节:0x32(字符'2')、0x38(字符'8')、0x30(字
符'0')、0x33(字符'6')、0x36(字符'6')。

显然,这个转换过程比较复杂,因此标准 C 提供关于文本文件读写的标准函数,
fprintf()、fscanf()、fgetc()、fputs()等,下面讨论主要的文本输入输出函数。

1. fprintf 函数

fprintf 函数原型:

fprintf(文件指针,格式字符串,输出表列)

与 printf()函数相比,fprintf()函数参数中多了一个文件指针参数,其他两个参数的
作用和意义与基本 printf()函数相同。fprintf()函数的作用是输将出表列按照指定的格
式字符串,输出到文件指针所指向的文件中。

【例 8.2】　文件的写入。

问题描述

编写程序,将 10 位学生的 C 语言成绩信息保存到文件 score.txt 中。

要点解析

本程序的主要功能是利用 fprintf 函数来写入文件,需要注意的是在文件的写操作之
前,必须先打开文件,最后要及时关闭文件。

程序与注释

```c
#include<stdio.h>
void main(){
FILE * fp;                                    /*建立文件指针*/
    int i,grade;
    if((fp=fopen("score.txt","w"))==NULL){    /*打开文件并判断文件是否存在*/
        fprintf(stderr,"Error opening file score.txt\n");
                                              /* stderr --标准错误输出设备*/
        exit(1);
    }
    printf("input 10 score:\n");
    for(i=1;i<=10;i++){
        scanf("%d",&grade);
```

```
        fprintf(fp,"%5d",grade);            /*将分数写入文件中*/
        if(i==5)                            /*将分数按5个一行排列*/
            fprintf(fp,"\n");
    }
    fclose(fp);                             /*关闭文件*/
}
```

程序运行结果如下:

```
input 10 score:
86 60 55 98 76 62 43 87 70 83↙(用户输入)
```

程序中创建新的文本文件 score.txt,该文件位于本源程序文件相同目录下,用户可使用任意一个文本编辑软件打开该文件,可看到文件内容如下:

```
□□□86□□□60□□□55□□□98□□□76
□□□62□□□43□□□87□□□79□□□83
```

其中,"□"表示空格符。

2. fscanf 函数

fscanf 函数原型:

```
fscanf(文件指针,格式字符串,输入表列)
```

fscanf()函数与 scanf()函数比较,其作用和意义基本相同,唯一不同的是 scanf()函数从标准输入文件中,按指定格式逐个输入信息到指定的变量中,而 fscanf()函数是从文件指向的文本文件中按指定格式逐个读取信息到指定的变量中。

【例 8.3】 文件的读出

问题描述

编写程序,读取保存在文件 score.txt 中的学生成绩信息,该文件位于源程序文件相同目录下。

要点解析

本程序的主要功能是利用 fscanf 函数来读出文件,需要注意的是文件的读操作之前,必须先打开文件,而且需要判断是否存在该名字的文件,否则需要提示并退出,最后要关闭文件。

程序与注释

```
#include<stdio.h>
void main(){
    FILE * fp;                              /*建立文件指针*/
    int i=0,grade;
    if((fp=fopen("score.txt","r"))==NULL){  /*打开文件并判断文件是否存在*/
        fprintf(stderr,"Error opening file score.txt\n");
        exit(1);                            /*stderr——标准错误输出设备*/
    }
    printf("scores:\n");
```

```
    while(!feof(fp)){                        /*判断是否到了文件尾,否则继续读取*/
        fscanf(fp,"%d",&grade);
        printf("%5d",grade);
        i++;
        if(i==5)                             /*将分数按5个一行排列*/
            printf("\n");
    }
    printf("There are %d numbers\n",i);
    fclose(fp);                              /*关闭文件*/
}
```

程序运行结果如下:

```
86  60  55  98  76
62  43  87  79  83
There are 10 numbers
```

程序中用到库函数 feof(),该函数用于判断文件指针是否指向文件结束位置,如果指向文件结束位置,则该函数返回非 0 数据;否则返回 0。

3. fgetc 函数

fgetc 函数是单个字符文件读取函数,其格式为:

```
fgetc(FILE * fp);
```

fgetc 函数作用是从 fp 指针指定的文件中读入一个字符,该文件必须是以读或读写的方式打开的。

例如:

```
ch=fgetc(fp);
```

其中,ch 为字符变量,fp 为文件型指针变量。从 fp 指向的文件当前位置读一个字符,并赋给变量 ch,并使文件指针下移一个字符。如果 fp 指向文件结束位置,则返回文件结束标志 EOF(即为−1)。

4. fputc 函数

fputc 函数是单个字符文件写入函数,其格式为:

```
fputc(ch,FILE * fp);
```

fputc 函数的功能是把一个字符 ch 写到由 fp 文件指针指向的文件中。

例如:

```
fputc(ch,stdout);
```

其中,ch 为写入的字符变量,stdout 为标准的输出设备,在这里可以理解为某一个文件。

【例 8.4】 字符的读和写操作。

问题描述

编写程序,输入源文件名和目标文件名,实现文件复制。

要点解析

本程序的主要功能是利用 fgetc 函数和 fputc 函数来实现字符的读写操作。

程序与注释

```
#include<stdio.h>
void main(){
    FILE * fp1,* fp2;                          /* 定义 2 个文件指针 */
    char c;
    char source[20],destine[20];
    printf("please input source filename:");
    scanf("%s",source);
    if((fp1=fopen(source,"r"))==NULL){         /* 判断文件是否存在,并打开文件 */
        fprintf(stderr,"Error opening file %s\n",source);
        exit(1);                               /* 如果文件不存在则关闭,并提示错误 */
    }
    printf("please input destine filename:");
    scanf("%s",destine);
    if((fp2=fopen(destine,"w"))==NULL){        /* 判断文件是否存在,并打开文件 */
        fprintf(stderr,"Error opening file %s\n",destine);
        exit(1);                               /* 如果文件不存在则关闭,并提示错误 */
    }
    while(!feof(fp1)){                          /* 判断是否到了文件尾,否则继续读取 */
        c=fgetc(fp1);                           /* 读取源文件的信息 */
        fputc(c,fp2);                           /* 将源文件的信息写入目标文件 */
    }
    printf("\nOk!\n",i);
    fclose(fp1);                                /* 关闭文件 */
    fclose(fp2);
}
```

程序通过源文件的名字,来查找并打开源文件,然后读取其中的内容,并打开目标文件,将读取的内容写入到目标文件中,即实现了文件内容的复制。

5. fgets 函数

fgets 函数是字符串文件读取函数,其格式为:

```
fgets(char buf[],int MAX,FILE * fp);
```

fgets 函数作用是从 fp 指针指向的文件中读入一个以 MAX 为最大长度的字符串,并将读取到的内容赋值给 buf 字符数组,该文件必须是以读或读写的方式打开的。

例如:

```
fgets(buf,MAX,fp);
```

其中,buf 为字符数组,MAX 为所需读取的字符数组的最大长度值,fp 为文件型指针变量。此函数是 fgetc 函数的一个封装函数,fp 控制读取字符串中的单个长度,当读取字符串长度

　　　　　　　　　　　C 语言程序设计案例教程(第 3 版)

到达 MAX 时结束,如果 fp 指向文件结束位置,则返回文件结束标志 EOF(即为−1)。

6. fputs 函数

fputs 函数是字符串文件写入函数,其格式为:

```
fputs(char ch[],FILE * fp);
```

fputs 函数的功能是把一个字符数组 ch 写到由 fp 文件指针指向的文件中。

例如:

```
fputc(ch,stdout);
```

其中,ch 为写入的字符数组名,stdout 为标准的输出设备,在这里可以理解为某一个文件。

【例 8.5】 字符串的读和写操作。

问题描述

编写程序,输入源文件名,将 HelloWorld 输入文件,然后输出此文件中的内容。

要点解析

本程序的主要功能是利用 fgets 函数和 fputs 函数来实现字符串的读写操作。

程序与注释

```
#include<stdio.h>
#include<stdlib.h>

int main ( void )
{
    char fileName[]="test";      /* 定义 fileName 的字符数组变量用来表示文件名称 */
    char Context[]="HelloWorld";           /* 用于输入到文件中的内容 */
    char getContext[20];                   /* 用来存放从文件中获取的内容 */
    FILE * fp;                             /* 定义文件指针 */
    if ( ( fp=fopen( fileName,"wb+"))==NULL )
        /* 判断文件名为 fileName 的文件是否存在,如果存在则打开文件并把文件指针指向
        该文件,不存在则创建该文件 */
    {
        fprintf(stderr,"Error opening file %s\n",fileName);  /* 打开失败 */
        exit(1);                           /* 退出 */
    }
    else
    {
        fputs ( Context,fp );
            /* 文件打开成功,将准备输入的字符数组 Context 的内容输入到 fp 所指向的文
            件中 */
    }
    fclose ( fp );                         /* 关闭文件 */
    if ((fp=fopen( fileName,"rb+"))==NULL )
        /* 判断文件名为 fileName 的文件是否存在,如果存在则打开文件并把文件指针指向
        该文件,不存在则创建该文件 */
```

```
    {
        fprintf(stderr,"Error opening file %s\n",fileName);
                                        /*打开失败*/
        exit(1);                        /*退出*/
    }
    else
    {
        fgets ( getContext,20,fp );
            /*文件打开成功,从 fp 指针指向的文件中读取一个最大长度是 20 字节的字符串,
            并将读到的内容赋值给 getContext */
    }
    printf ("%s\n",getContext);         /*输出获取的字符数组 getContext 的内容*/
    fclose ( fp );                      /*关闭文件*/
    system ("pause");
    return 0;
}
```

8.2.4　二进制文件的读写

对二进制文件读写的库函数是 fread()和 fwrite()。

1. fread 函数

读二进制文件的函数 fread()原型:

```
fread(buffer,size,count,fp);
```

其中,buffer 是一个指针,它是读入数据的存放地址;size 是要读写的字节数;count 是要进行读写多少个 size 字节的数据项;fp 是文件指针变量。

例如:

```
fread(array,4,3,fp);
```

函数的意义是:假设 array 是一个 float 型数组(即数组首元素地址),该函数从 fp 指针指向的文件中一次性读取 3 个元素,每个元素包含 4 个字节的数据,并存储到数组 array 中。

当然要注意该语句执行的数据是否正确,确定 fp 指向的文件中存储的是否为 float 类型的数据,这样才有意义。

2. fwrite 函数

写二进制文件的函数 fwrite()原型:

```
fwrite(buffer,size,count,fp);
```

其中,buffer 是一个指针,它是写入数据的存放地址;size 是要写入的字节数;count 是要进行写入多少个 size 字节的数据项;fp 是文件指针变量。

如果 fread 或 fwrite 调用成功,则函数返回值为 count 的值,即输入或输出数据项的

完整个数。

【例 8.6】 二进制文件的读写。

问题描述

编写程序，输入 10 个学生数据到二进制文件 student.dat 中，然后从文件中把数据读出来并显示。

要点解析

本程序的主要功能是利用 fread 函数和 fwrite 函数来理解二进制文件的读写操作，注意的是读写之前同样也要判断是否存在文件。

程序与注释

```c
#include<stdio.h>
void main(){
    FILE * fp;                          /* 定义文件指针 */
    int i=0;
        struct stud{                    /* 定义学生数据的结构体 */
        char name[20];
        int age;
        long num;
    }s[10],t;
    if((fp=fopen("student","wb"){        /* 判断文件是否存在,并打开文件 */
        printf("Error opening file student.dat\n");
        exit(1);
    }
    while(i<10){                        /* 循环输入 10 个同学的信息 */
        printf("input name:");
        scanf("%s",s[i].name);
        printf("input age:");
        scanf("%d",&s[i].age);
        printf("input number:");
        scanf("%ld",&s[i].num);
        i++;
    }
    if(fwrite(s,sizeof(struct stud),10,fp)!=10){
                /* 写入数据,并判断如果输入数据个数不等于 10 则报错并退出程序 */
        printf("Error writing file student.dat\n");
        exit(1);
    }
    fclose(fp);                         /* 文件写入完毕,关闭文件 */
    if((fp=fopen("student","rb"){        /* 判断文件是否存在,并打开文件 */
        printf("Error opening file d:\\student.dat\n");
        exit(1);
    }
    i=0;
    while(!feof(fp)){                   /* 读取数据时判断是否到了文件末尾 */
```

```
        if(fread(&t,sizeof(struct stud),1,fp)!=1){
            fprintf("Error reading file d:\\student.dat\n");
                        /*读入数据,并判断如果输入数据个数不等于10则报错并退出程序*/
            exit(1);
        }
        i++;
        printf("the %dth student:",i);/*输出显示学生信息*/
        printf(" name:%s",t.name);
        printf("age:%d",t.age);
        printf("number:%ld\n",t.num);
    }
    fclose(fp);                         /*文件读出完毕,关闭文件*/
    }
```

　　程序首先打开名为 student 的文件,然后通过用户输入 10 个同学的信息,将信息写入文件中并关闭文件。然后再次打开名为 student 的文件,按照每个同学的信息数据块(即学生的结构体信息)为单位来读取,直到文件末尾,最后输出到控制台终端,并关闭文件。

8.2.5　文件的其他常用函数

1. fseek 函数

　　文件的输入输出一般情况下是按顺序访问的,文件指针在文件刚打开是指向文件的开始位置,每次进行文件读写后,自动移动到下一个位置,使得文件读写严格地一个一个地进行下去。但是,在程序设计过程中,有时需要以任意顺序访问一个文件,C 语言提供系统调用函数 fseek 来改变文件指针的位置,其函数原型是:

fseek(文件类型指针,位移量,起始点)

其中,起始点用 0,1,2 代替,0 代表文件开始,1 代表当前位置,2 代表文件末尾。

　　位移量是指以起始点为基点,向前移动的字节数。fseek 函数一般用于二进制文件,因为处理字符时会发生转换,在计算位置时往往会发生混乱。

　　【例 8.7】　fseek 控制文件指针。

问题描述

编写程序通过 fseek 函数实现获取 myfile 文件中的内容 Hello 为 lo。

要点解析

本程序要点在于如何使用 fseek 函数来控制文件指针的移动。

程序与注释

```
#include<stdio.h>
#include<stdlib.h>
#include<string.h>
```

```c
void fileread ( char res[] );
void fseekfile ( char res[] );

int main ( void )
{
    char res[6];
    fileread ( res );                      /* 文件读取函数 */
    printf ("myfile 文件中的内容为: ");
    puts ( res );
    printf ("通过 fseek 函数控制后为:");
    fseekfile ( res );                     /* 控制文件指针的函数 */
    puts ( res );
    system ("pause");
    return 0;
}


void fseekfile ( char res[] )
{
    FILE * fp;
    if ( ( fp=fopen ( "myfile","rb+" ) )==NULL )
    {
        printf ("can not open file myfile!\n");
        exit(0);
    }
    else
    {
        fseek ( fp,3L,1 );                 /* 其中 1 表示当前位置,3L 表示向后移动三字节 */
        fread ( res,1,2,fp );              /* 读取 2 个长度为 1 字节的元素 */
        res [2]='\0';                      /* 设置字符串的尾部 */
    }
    fclose ( fp );                         /* 关闭文件 */
}


void fileread ( char res[] )
{
    FILE * fp;
    if ( ( fp=fopen ( "myfile","rb+" ) )==NULL )
    {
        printf ("can not open file myfile!\n");
        exit(0);
    }
    else
    {
        fread ( res,1,6,fp );              /* 读取 6 个长度为 1 字节的元素 */
```

```
    }
    fclose ( fp );                              /* 关闭文件 */
}
```

2. feof()函数

注意在读文件的时候,我们往往需要判定是否到达文件的结束位置,避免文件读写错误。feof()函数原型为:

```
int feof(FILE * fp)
```

该函数测试 fp 所指的文件是否已经结束,如果文件指针已经指向文件结束位置,该函数返回非 0 值,说明 fp 指向的文件当前位置已经到达文件的结束位置。

3. ferror()函数

ferror()函数用于确定文件操作是否出错,其原型为:

```
int ferror(FILE * fp)
```

函数返回 0 表示此前的文件操作成功,否则,返回非 0 值表示此前的文件操作出错。

4. clearerr()函数

clearerr()函数用于清除文件结束标志和文件出错标志,其原型为:

```
void clearerr(FILE * fp)
```

该函数的作用是使文件错误标志和文件结束标志置为 0。假设在调用一个输入输出函数时出错,ferror 函数值为非零值,则调用该函数后,值变成 0。

5. rewind()函数

rewind()函数用于使位置指针重新返回文件的开头,其原型为:

```
void rewind(FILE * fp)
```

该函数没有返回值。

8.2.6　案例分析:文件操作

问题描述

现有名为 employ 的结构体,其中包含如下结构体信息:姓名 name,年龄 age,性别 sex,成绩 score,现要求创建一个名为 list 的结构体数组,赋值后存入数据文件 num.dat 中,然后再将文件中的数据读出并存入名为 relist 的结构中。

要点解析

本程序的主要功能是对一块数据在文件中的存取。此题目包含如下知识点:结构体、结构体数组、文件类型指针、文件的打开关闭、文件的读和写。注意由于存储的数据是数据块,并且存在二进制文件中,故这里采用 fread 和 fwrite 函数来实现,可以避免发生由于字符和字节之间的转换出现的错误。

程序算法的数据流程图如图 8-2 所示。

C 语言程序设计案例教程(第 3 版)

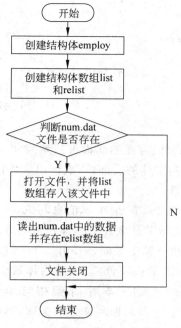

图 8-2 算法描述

程序与注释

```
#include<stdio.h>
#include<stdlib.h>

struct employ{                              /*定义结构体*/
    char name[30];
    int age;
    char sex;
    float score;
};

void main(){
    FILE * fp;
    int i;
    struct employ relist[3];                /*初始化结构体数组*/
    struct employ list[3]={"wang",20,'f<5,"liu",19,'m',78,
                    "chen",21,'f',90};
    if((fp=fopen("num.dat","wb+"))==NULL){ /*判断文件是否存在,并打开文件*/
        printf("can not open file num.dat\n");
        exit(0);
    }
    if(fwrite(list,sizeof(struct employ),3,fp)==3)
                                /*将结构体信息写入 num.dat 文件中*/
```

```
        printf("successfully!\n");
    else
        printf("unsuccessfully!\n");
    rewind(fp);                             /* 使文件指针重新指向文件的头部 */
    fread(relist,sizeof(struct employ),3,fp); /* 从 fp 指向的文件中读出结构体信息
                                             并存放在 relist 结构体数组内 */
    fclose(fp);                             /* 关闭文件 */
}
```

程序首先打开 num. dat 文件(存在的前提下),然后将 list 结构体数组的值写入该文件中,接着使文件指针重新指向文件的头部,再次读出文件内的信息,并将之保存在 relist 的结构体数组中,最后关闭文件。

其中,fwrite 的作用就是将 list 的结构体信息写入 fp 所指向的 num. dat 文件。注意,fwrite 的第一个参数 list 实际上是该数组的首元素的地址,如果 fwrite 函数的返回值非 0(即正常写入),则 if 语句执行输出 successfully 的语句。sizeof 函数的意义在这里是要获取需要写入的多少个字节的数据项,也就是结构体数组中的一个结构体类型的数组元素共包含的字节数。由于写入信息完毕后,fp 已指向 num. dat 文件的末尾,故而使用 rewind(fp)语句,可以使指针 fp 重新返回到文件的头部,继而 fread 函数可以从文件中读入结构体信息,并存放在 relist 数组中。

8.3 本 章 小 结

C 语言中有二进制文件和文本文件两种不同的文件类型,本章重点介绍了 C 语言中读写文本和二进制的基本函数和方法。编程前首先要确定读写文件的类型,然后选用不同的库函数。例如不能用 scanf()、printf()读写二进制文件,同样也不能用 fread()、fwrite()读写二进制文件。其次,由于读写外存的速度要远远低于内存的速度,程序中应该尽可能减少读写文件的次数,以提高程序的运行效率。

文件是程序永久保存数据的手段,许多实际运用的 C 程序都包含文件处理,读者可以在实践中进一步掌握和熟悉文件的使用。

习 题

1. C 语言中文件的概念是什么?

2. fscanf 函数是按指定的格式将数据从指定的文件中读出,如果赋值成功,则函数的返回值为多少?

3. 数据块读写函数 fwrite,其调用格式 fwrite(sum,sizeof(sum),2,fp)中的 2 指的是什么?

4. C 语言中,提供了一些函数用来检查输入输出函数调用中的错误,其中 clearerr 函

数的作用是什么？

5. 编写程序，打开已存在的文件 myfile，并将其内容显示在屏幕上。

6. 编写程序，现有一个已知存在的文件 myfile，要求读出其内容，第一次使它显示在屏幕上，第二次要把它复制到另一个文件 yourfile 中。

7. 编写程序实现组合文件 myfile 和文件 yourfile 中的内容，将其写入新的文件 ourfle 中并输出。

第 9 章 综合实训 1

通过前面章节的学习,读者已经掌握了 C 语言的基础知识,本章主要通过案例的分析实现来培养运用 C 语言开发中小型项目的能力。案例是大家熟悉的学生成绩管理系统,在 Code::Blocks 上调试通过。

9.1 功 能 描 述

学生成绩管理系统的主要功能包括:对学生的成绩信息进行添加、删除、修改、查询和统计。系统划分为如图 9-1 所示的几个功能模块。一级菜单项有 8 个:初始化、数据导入、数据录入、数据编辑、数据查询、数据统计、数据导出和退出系统。二级菜单项主要包括:追加记录、删除记录、修改记录、返回主菜单、学号查询和姓名查询。

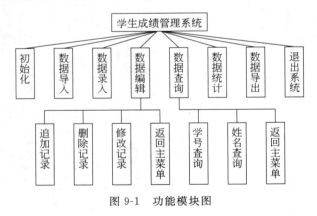

图 9-1 功能模块图

9.2 程序主界面设计

学生成绩管理系统运行后,首先出现"欢迎进入成绩管理系统<请按回车键!>…."的提示符,按任意键后,进入如图 9-2 所示的系统主界面,读者根据提示键入菜单项前的数字码并回车,可执行相关功能或进入子菜单,值得注意的是需先执行初始化才能运行其他功能。

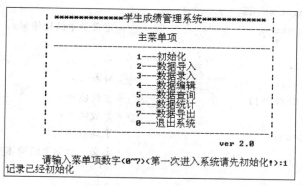

图 9-2 主界面

9.3 功能项的详细设计

该程序由 3 个文件组成：student. h,main. c,student. c。其中 student. h 为头文件，包含了编译预处理命令，main. c 实现了程序的主界面，各模块的具体实现代码在 student. c 文件中可以找到。

由于程序中设计到诸多函数和编译预处理命令，按照模块化程序设计的思想，将其全部放在 student. h 的头文件中。student. h 头文件代码如下：

程序与注释

```
/***************************************************
 * File Name : student.h                           *
 * Created : 07/04/10                               *
 * Author : wangyanan                               *
 * Description : 此文件的职责为程序的头文件描述      *
 ***************************************************/

#ifndef __STUDENT_H                    /*是否编译过 STUDENT_H 段*/
#define __STUDENT_H                    /*声明 STUDENT_H 条件编译段*/

/* header file */
#include<stdio.h>                      /*引入输入输出函数库*/
#include<stdlib.h>                     /*引入动态存储分配函数库*/
#include<conio.h>                      /*引入输入输出函数库*/
#include "string.h"                    /*引入字符和字符串函数库*/

/* define const number */
#define MAXNUM 10                      /*定义最大学生记录数*/
#define MAXSUB 4                       /*定义最大功课数*/
```

```
/* define student struct */
typedef struct stu                              /* 定义学生结构体 */
{
    char no[11];                                /* 学号 */
    char name[20];                              /* 姓名 */
    int score[MAXSUB];                          /* 各科成绩 */
    float sum;                                  /* 总成绩 */
    float average;                              /* 平均成绩 */
} student;                                      /* 定义一个学生结构体变量 student */


/* function declaration */
int menu_select();                              /* 菜单选择程序 */
void initialize(student * []);                  /* 初始化 */
void input(student * []);                        /* 数据输入 */
void editmenu(student * []);                      /* 数据编辑 */
void add_record(student * []);                    /* 添加学生记录 */
void delete_record(student * []);                 /* 删除学生记录 */
student * edit_record(student * []);              /* 修改学生记录 */
void searchmenu(student * []);                     /* 数据查询 */
student * no_search(student * []);                 /* 按学号查询 */
student * name_search(student * []);               /* 按姓名查询 */
void total(student * []);                          /* 数据统计 */
void save(student * []);                           /* 数据导出 */
void load(student * []);                           /* 数据导入 */
void output(student * []);
#endif                                             /* STUDENT_H 条件编译段结束 */
```

以后各功能模块的函数实现,都需要用到此文件中的内容。

下面将详细分析各模块的函数实现。

9.3.1 主界面函数的实现

要点解析

主界面如图 9-2 所示,该界面的实现实际上是一个多分支选择结构,通过用户的选择,让用户执行不同的功能,因此,可以采用 switch…case 结构。

程序与注释

```
/***************************************************
* File Name : main.c                              *
* Created : 07/04/10                              *
* Author : wangyanan                              *
* Description : 此文件的职责为程序的入口,主函数   *
***************************************************/
```

```c
#include "student.h"                          /*引入预定义头文件*/

int main()                                    /*主函数*/
{
    student * p;                              /*保存单个学生信息*/
    student * stuArray[MAXNUM];               /*保存所有学生信息的数组*/

    p=(student *)malloc(sizeof(student));     /*创建一个空的学生记录*/
    stuArray[0]=p ;                           /*将这个学生信息放入数组中第一个位置*/
    printf("欢迎进入成绩管理系统(请按回车键!)…\n");
                                              /*输出提示信息*/
    getch();                                  /*等待用户回应*/
    for(;;)                                   /*进入菜单选择界面*/
    {
        switch(menu_select())                 /*等待用户输入选择*/
        {
            case 1:                           /*选择菜单1*/
                    initialize(stuArray);     /*初始化*/
                    break;                    /*跳出switch,重新进行菜单选择*/

            case 2:                           /*选择菜单2*/
                    load(stuArray);           /*数据导入*/
                    break;                    /*跳出switch,重新进行菜单选择*/

            case 3:                           /*选择菜单3*/
                    input(stuArray);          /*数据录入*/
                    break;                    /*跳出switch,重新进行菜单选择*/

            case 4:                           /*选择菜单4*/
                    editmenu(stuArray);       /*数据编辑*/
                    break;                    /*跳出switch,重新进行菜单选择*/

            case 5:                           /*选择菜单5*/
                    searchmenu(stuArray);     /*数据查询*/
                    break;                    /*跳出switch,重新进行菜单选择*/

            case 6:                           /*选择菜单6*/
                    total(stuArray);          /*数据统计*/
                    break;                    /*跳出switch,重新进行菜单选择*/

            case 7:                           /*选择菜单7*/
                    output(stuArray);         /*数据显示*/
                    save(stuArray);           /*数据导出*/
                    printf("保存成功!\n");
```

```
                break;                          /*跳出 switch,重新进行菜单选择*/

        case 0:                                 /*选择菜单 0*/
                printf("感谢使用!\n");
            exit(0);                            /*退出系统*/
        }
    }

    return 0;                                   /*退出应用程序*/
}
```

在程序中使用 p＝(student ＊)malloc(sizeof(student));语句创建一个空的学生记录,p 为指向存放学生记录的结构体的指针,stuArray[MAXNUM]为存放指向结构体指针的指针数组。在 switch 语句中调用的 menu_select()函数,其作用是显示程序的主界面,主要用 printf 语句来显示界面,通过循环结构来实现菜单的正确选择。

程序与注释

```
/***********************************************
* Function Name : menu_select                 *
* Description : 菜单选择                        *
* Date : 07/04/10                              *
* parameter : 无                               *
* Author : wangyanan                           *
***********************************************/

int menu_select()
{
    int menuItem=-1;            /*初始化菜单默认选择为 0 退出系统*/
    printf("\n\n\n");           /*在屏幕上输出 3 个空行*/


    /*---------开始输出菜单界面-----------*/
    printf("    |*************学生成绩管理系统*************  |\n");
    printf("    |----------------------------  |\n");
    printf("    |              主菜单项               |\n");
    printf("    |----------------------------  |\n");
    printf("    |          1---初始化                |\n");
    printf("    |          2---数据导入              |\n");
    printf("    |          3---数据录入              |\n");
    printf("    |          4---数据编辑              |\n");
    printf("    |          5---数据查询              |\n");
    printf("    |          6---数据统计              |\n");
    printf("    |          7---数据导出              |\n");
    printf("    |          0---退出系统              |\n");
    printf("    |----------------------------   |\n");
```

```
    printf("                                  ver 2.0\n");
    /*----------结束菜单界面输出-----------*/


    do                                    /*进入菜单选择循环*/
    {
       /*在屏幕上输出提示用户输入对应菜单项的编号*/
        printf("\n      请输入菜单项数字(0~7)(第一次进入系统请先初始化!):");
        scanf("%d",&menuItem);               /*接收用户输入的菜单项编号*/
    } while((menuItem<0) || (menuItem>7));    /*用户选择了正确的菜单项*/

    return menuItem;                         /*返回用户选择的菜单编号*/
}
```

在 main. c 程序中,采用了 switch 语句来对程序的流程进行控制。例如,用户选择 1,
程序执行分支 1：initialize(stuArray)；完成系统初始化功能。按照结构化程序设计思想,
将不同的功能用不同的函数实现并放在 student. c 的文件中单独处理。下面具体分析各
模块函数的实现。

9.3.2 初始化

系统主菜单中第一个菜单为"初始化"菜单项,主要功能为清空学生记录信息。执行
该菜单项后,程序会提示记录已经初始化,然后就可以执行其他操作了。

要点解析

初始化功能是由 initialize()函数实现的,之所以每次程序需先执行初始化,原因在于
指向学生记录信息的指针存放在 stuArray 数组中,为了避免指针指向不确定的位置,通
常将指针初始化为 NULL。

程序与注释

```
/*************************************************
* Function Name : initialize                    *
* Description : 初始化                           *
* Date : 07/04/10                               *
* parameter : * stuArray[MAXNUM]                *
* Author : wangyanan                            *
*************************************************/

void initialize(student * stuArray[MAXNUM])
{
    int i=0;                              /*学生记录行号*/
    for(i=0; i<MAXNUM; i++)              /*遍历每一条学生记录*/
    {
        stuArray[i]=NULL;               /*初始化当前学生记录为空记录*/
    }
```

```
    printf("记录已经初始化");                        /*反馈初始化状态信息*/
    return;                                           /*结束初始化函数并返回主菜单*/
}
```

按照操作的流程,下面先介绍菜单 3 的功能实现,数据录入。

9.3.3　数据录入

系统初始化之后,就可以进行数据的录入操作了。每个学生的信息包括:学号,姓名,4 门课的成绩,总分和平均分。为简单起见,程序允许最多输入 10 位同学的信息,当然进行人数的修改是很方便的,将头文件 student.h 中的 MAXNUM 改为所需的值即可。对于数据的录入,为了避免用户误操作,系统提供了必要的提示信息。为确保录入数据的有效性,对录入成绩进行校验是非常重要的。例如,成绩只能为整数(学生结构体中定义),系统采用百分制,因此,成绩被限制在 0~100 之间的整数。当录入完一个同学的所有信息后,系统会提示目前还能存储多少条学生记录,以避免数据溢出。如果这时输入@将终止信息录入来返回主菜单。读者可参考图 9-3 完成数据录入。

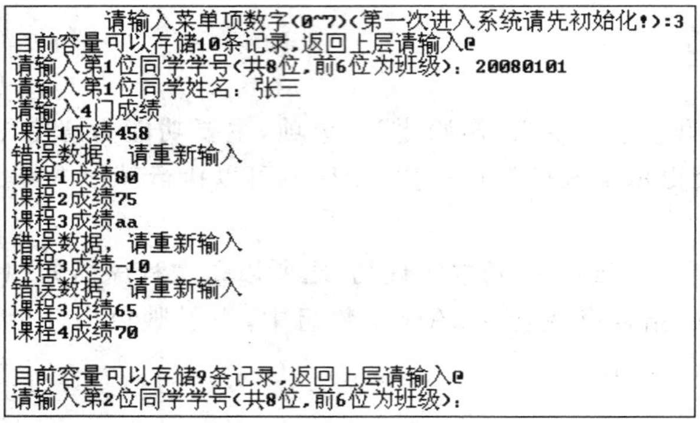

图 9-3　数据录入界面

要点解析

数据录入功能是由 input()函数实现,每个学生记录的信息是存储在 stuArray 指针数组中,由于需要录入多个学生的信息,因此需要用循环来处理,对于录入成绩的有效性问题,主要是限制数据为 0~100 的整数,程序中采用的是条件判断,最后当 4 门成绩录入完毕,求出 4 门成绩的总分和平均分并存入结构体中。

程序与注释

```
/**************************************************
 * Function Name : input                          *
 * Description : 数据输入                           *
 * Date : 07/04/10                                 *
 * parameter : * stuArray[MAXNUM]                  *
 * Author : wangyanan                              *
```

```
**************************************************/

/*传入用来保存学生信息的数组地址*/
void input(student * stuArray[])    {
    int i=0;                              /*学生记录行号*/
    int j=0;                              /*功课号*/
    float s=0.0;                          /*总成绩*/
    student * info;                       /*当前学生记录*/

    for(i=0; i<MAXNUM; i++)               /*对学生信息数组中的每条学生记录进行循环*/
    {
        info=(student * )malloc(sizeof(student));
                                          /*为空记录分配内存*/
        if(info==NULL)                    /*如果未分配成功*/
        {
            printf("\nout of memory");    /*提示分配失败*/
            return;                       /*结束输入操作并返回主菜单*/
        }
        printf("目前容量可以存储%d条记录,返回上层请输入@\n",MAXNUM-i);
        printf("请输入第%d位同学学号(共8位,前6位为班级): ",i+1);
/*在屏幕上输出提示输入学号*/
        scanf("%s",&info->no);            /*接收用户输入的学号*/
        if(info->no[0]=='@')              /*如果输入@返回上层菜单*/
        break;
        printf("请输入第%d位同学姓名: ",i+1);
/*在屏幕上输出提示输入姓名*/
        scanf("%s",&info->name);          /*输入学生姓名*/
        printf("请输入%d门成绩\n",MAXSUB);
/*在屏幕上输出提示输入成绩*/
        s=0.0;                            /*总成绩赋初值0*/
        for(j=0; j<MAXSUB; j++)           /*对每门功课进行循环*/
        {
            do                            /*开始循环输入课程成绩*/
            {
                printf("课程%d成绩",j+1);
/*提示当前输入的是第几门功课成绩*/
                scanf("%d",&info->score[j]);    /*输入成绩*/
                    fflush(stdin);
/*刷新内存缓冲区,避免数据类型不匹配造成死循环*/
                if((info->score[j]>100) || (info->score[j]<0))
/*输入的成绩是否在要求范围内*/
                {
                    printf("错误数据,请重新输入\n");
/*在屏幕上输出提示用户输入的数据错误*/
```

```
            }
        } while((info->score[j]>100) || (info->score[j]<0));
/*输入的成绩是否在要求范围内*/

        s+=info->score[j];                      /*临时统计总成绩*/
        }

        info->sum=s;                            /*保存当前学生的总成绩*/
        info->average=s/MAXSUB;                 /*算出当前学生的平均成绩*/
        stuArray[i]=info;
/*将当前学生的信息存入学生信息数组*/
        printf("\n");
    }

    return;                                     /*输入完所有学生信息后结束函数*/
}
```

成绩信息录入完毕,输入'@'即可返回上级菜单。如果需要对已录入信息进行编辑修改,则可选择"数据编辑"菜单项。

9.3.4 数据编辑

数据编辑菜单包含4个子菜单项:追加记录、删除记录、修改记录及返回主菜单。程序界面如图9-4所示。数据编辑界面是由 editmenu 函数完成的,具体的实现步骤可以参考主界面的设计,即 menu_select 函数的实现,在此不再赘述。

1. 追加记录

追加记录可以满足用户在学生人数限制允许的前提下,继续添加学生记录。当选择了子菜单1并按回车键后,可追加学生信息。具体操作如图9-5所示。

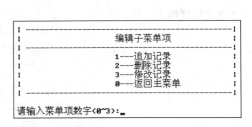

图9-4 编辑子菜单界面

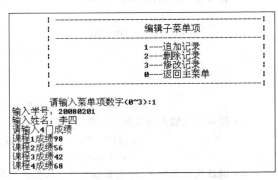

图9-5 追加记录界面

要点解析

追加记录功能的实现是由 add_record 函数实现的,该函数的作用就是在数据末尾添加一条新的记录。该函数实现的关键在于,首先要找到学生信息数组的第一个空位置,可

C语言程序设计案例教程(第 3 版)

以用循环来找出指向学生记录的指针数组中第一个为空的指针。但有一点要注意，由于该程序只能最大储存 10 条学生记录，如果记录满了，也必须提前判断。

程序与注释

```
/*************************************************
 * Function Name : add_record                   *
 * Description : 添加学生记录                     *
 * Date : 07/04/10                              *
 * parameter : * stuArray[MAXNUM]               *
 * Author : wangyanan                           *
 *************************************************/

void add_record(student * stuArray[])
{
    int i=0;                            /* 学生记录行号 */
    int j=0;                            /* 功课号 */
    student * info;                     /* 临时保存当前学生的信息 */
    float s=0.0;                        /* 临时保存总成绩 */

    /* search the lastest record */
    for(i=0; i<MAXNUM; i++)             /* 对学生信息数组中的每条学生记录进行循环 */
    {
        if(stuArray[i]==NULL)           /* 当前记录是空记录 */
        {
            break;                      /* 跳出循环 */
        }
    }

    if(i==MAXNUM)                       /* 学生信息数组是否存满 */
    {
        printf("Array is full!");       /* 存满即给出已满的提示 */
        return;                         /* 返回菜单选择界面 */
    }

    info=(student * )malloc(sizeof(student));
                                        /* 为新记录创建一个保存空间 */
    if(info==NULL)                      /* 创建保存空间是否成功 */
    {
        printf("\nout of memory");
/* 没有成功就提示用户没有足够的内存来创建记录空间 */
        return;                         /* 返回菜单选择界面 */
    }

    printf("输入学号: ");               /* 在屏幕上输出提示输入学号 */
    scanf("%s",&info->no);              /* 接收用户输入的学号 */
    printf("输入姓名: ");               /* 在屏幕上输出提示输入姓名 */
```

```
    scanf("%s",&info->name);                  /*输入学生姓名*/
    printf("请输入%d门成绩\n",MAXSUB);
/*在屏幕上输出提示输入成绩*/
    s=0.0;                                      /*总成绩赋初值0*/
    for(j=0; j<MAXSUB;++j)                      /*对每门功课进行循环*/
    {
        do                                      /*开始循环输入课程成绩*/
        {
            printf("课程%d成绩",j+1);          /*提示当前输入的是第几门功课成绩*/
            scanf("%d",&info->score[j]);  /*输入成绩*/
            if((info->score[j]>100) || (info->score[j]<0))
/*输入的成绩是否在要求范围内*/
            {
                printf("错误数据,请重新输入\n");
/*在屏幕上输出提示用户输入的分数有误*/
            }
        } while((info->score[j]>100) || (info->score[j]<0));
/*输入的成绩是否在要求范围内*/
        s+=info->score[j];                      /*临时统计总成绩*/
    }

    info->sum=s;                                /*保存当前学生的总成绩*/
    info->average=s/MAXSUB;                     /*算出当前学生的平均成绩*/
    stuArray[i]=info;                           /*将当前学生的信息存入学生信息数组*/
}
```

当记录添加完毕后,系统自动返回上一级菜单,如果需要再次添加,可重复上一步骤。

2. 删除记录的实现

删除记录是指用户可以删除一条学生记录。当选择了菜单 2 后,系统提示用户输入学号,用户输入学生号后,系统根据学生进行查找,如果查找成功,则显示该学生信息,并确认是否删除,用户选择 y 确认后,系统删除该学生记录,如图 9-6 所示。如果查找失败,系统也会加以提示。

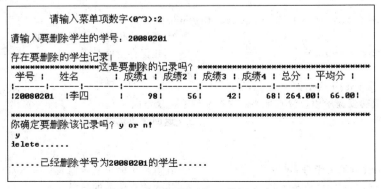

图 9-6　删除记录界面(数据存在)

要点解析

　　删除记录功能的实现是由 delete_record( ) 函数完成的。函数实现的关键在于,首先要判断是否存在该学生记录,这里是以学号为关键字查找的,即需要比较字符串,可以使用 strncmp 函数来完成。由于系统采用数组作为数据存储的方式,所以删除某记录后,还必须使后面的所有数据相应的往前挪一位。

程序与注释

```
/***************************************************
 * Function Name : delete_record            *
 * Description : 删除学生记录               *
 * Date : 07/04/10                          *
 * parameter : * stuArray[MAXNUM]           *
 * Author : wangyanan                       *
 ***************************************************/

void delete_record(student * stuArray[])
{
    int i=0;                        /* 学生记录行号 */
    int j=0;                        /* 功课号 */
    char s[11];                     /* 学号 */
    char c;                         /* 确认指令 Y 删除 N 不删除 */

    printf("\n 请输入要删除学生的学号: ");
/* 在屏幕上输出提示输入学号信息 */
    scanf("%s",&s);                 /* 接收用户输入的学号 */
    j=i+1;
    for(i=0; i<MAXNUM && stuArray[i] !=NULL; i++)
/* 对学生信息数组中的每条学生记录进行循环 */
    {
        if(strncmp(stuArray[i]->no,s,11)==0)
/* 学生信息数组中是否存在与用户输入的学号相同的学生 */
        {
            printf("\n 存在要删除的学生记录!");
/* 找到了与指定学号相同的学生 */
            break;                  /* 跳出循环,不再查找 */
        }
    }

    if((i==MAXNUM) || (stuArray[i]==NULL))
/* 是否找遍数组中的所有记录 */
    {
        printf("\n 不存在要删除的学生记录!");
/* 没有找到与指定学号相同的学生 */
        return;                     /* 返回菜单选择界面 */
```

```
    }

/* ---------------输出要删除的学生信息开始--------------- */
    printf("\n*****************这是要删除的记录吗?******************************
***********");
    printf("| 学号 |   姓名   |成绩1|成绩2|成绩3|成绩4|总分 |平均分 |\n");
    printf("|----|-------|-----|-----|-----|------|----|-----|\n");
    printf("|%-10s|%-10s|%7d|%7d|%7d|%7d|%7.2f|%7.2f|\n",stuArray[i]->no,
    stuArray[i]->name,
        stuArray[i]->score[0],stuArray[i]->score[1],stuArray[i]->score[2],
        stuArray[i]->score[3],
        stuArray[i]->sum,stuArray[i]->average);
/* 输出找到的当前学生的信息 */
    printf("\n*************************************
*********************************************");
    /* ---------------输出要删除的学生信息结束--------------- */

    printf("你确定要删除该记录吗?y or n!\n ");
/* 在屏幕上输出确认删除的询问 */
    scanf("%c",&c);                              /* 接收删除指令 */
    if((c=='Y') || (c=='y'))                     /* 确认删除 */
    {
        for(j=i+1; j<(MAXNUM-i); j++)
/* 从当前删除记录位置到最后一个记录循环 */
        {
            stuArray[j-1]=stuArray[j];
/* 将记录向上移动一行 */
        }
        stuArray[j]=NULL;
        printf("delete......\n");                /* 在屏幕上输出提示正在删除 */
        printf("\n......已经删除学号为%s的学生......\n",s);
/* 在屏幕上输出提示已经删除指定学号的记录 */
    }
    else                                         /* 不删除 */
    {
        editmenu(stuArray);                      /* 返回编辑子菜单 */
    }

}
```

3. 修改记录的实现

当用户在编辑子菜单下选择菜单3,即可进入修改记录。系统提示用户输入学生学号,当用户键入学号后,系统以学号作为关键字进行查找,如果查找成功,则会显示该学生记录,系统提示是否要修改,用户选择y确认后即可修改学生的成绩。如果查找失败,系统进行提示。系统修改记录主界面如图 9-7 所示。

```
        请输入菜单项数字<0~3>:3
请输入要修改学生的学号：20080101

存在要修改的学生记录！
**********************这是要修改的记录吗？**************************************
¦ 学号 ¦   姓名     ¦ 成绩1¦ 成绩2¦ 成绩3¦ 成绩4¦ 总分 ¦ 平均分 ¦
¦------¦-----------¦-----¦-----¦-----¦-----¦------¦------¦
¦20080101 ¦张三       ¦  80¦  75¦  65¦  70¦290.00¦ 72.50¦
你确定要修改该记录吗？y or n
y
要修改第几门课的成绩
2
课程2成绩100
还要继续修改此记录的成绩吗？Y or N!
n
```

图 9-7　修改记录界面

要点解析

修改记录功能是由 edit_record() 函数实现的。该函数允许用户修改学生的成绩信息并保存。

程序与注释

```c
student * edit_record(student * stuArray[])
{
    int i=0;                              /* 学生记录行号 */
    int j=0;                              /* 功课号 */
    int m=0;                              /* 修改状态标志,0 表示不修改 */
    float sum=0.0;                        /* 总成绩 */
    char s[11];                           /* 学号 */
    char c;                               /* 确认指令 Y 修改 N 不修改 */

     printf("\n 请输入要修改学生的学号：");
/* 在屏幕上输出提示输入学号 */
    scanf("%s",&s);                       /* 接收输入的学号 */


    for(i=0; (i<MAXNUM) && (stuArray[i]!=NULL); i++)
/* 对学生信息数组中的每条学生记录进行循环 */


    {
        if(strncmp(stuArray[i]->no,s,11)==0)
/* 学生信息数组中是否存在与用户输入的学号相同的学生 */
        {
            printf("\n 存在要修改的学生记录!");
/* 找到了与指定学号相同的学生 */
            break;                        /* 跳出循环,不再查找 */
        }
    }
```

```c
    if((i==MAXNUM) || (stuArray[i]==NULL))
/*是否找遍数组中的所有记录*/
    {
        printf("\n不存在要修改的学生记录!");
/*没有找到指定学号的学生*/
        return;                                          /*返回菜单选择界面*/
    }


    /*---------------输出要修改的学生信息开始---------------*/
    printf("\n******************这是要修改的记录吗?***************************
**********");
    printf("| 学号  |  姓名  | 成绩1 | 成绩2 | 成绩3 | 成绩4 | 总分 | 平均分 |\n");
    printf("|----|-------|-----|-----|-----|------|----|-----|\n");
    printf("|%-10s|%-10s|%7d|%7d|%7d|%7d|%7.2f|%7.2f|\n",stuArray[i]->no,
stuArray[i]->name,
    stuArray[i]->score[0],stuArray[i]->score[1],stuArray[i]->score[2],
stuArray[i]->score[3],
        stuArray[i]->sum,stuArray[i]->average);
    /*输出找到的当前学生的信息*/
printf("\n*************************************************************
********************");
    /*---------------输出要修改的学生信息记录---------------*/


    printf("你确定要修改该记录吗?y or n\n");
    /*在屏幕上输出确认修改的询问*/
    scanf("%c",&c);                          /*接收确认指令*/
    if((c=='Y') || (c=='y'))                 /*确认修改*/
    {
        m=1;                                 /*修改状态标志为1确认修改*/
    }
    else                                     /*不修改*/
    {
        editmenu(stuArray);                  /*返回编辑子菜单*/
    }


    while(m==1)                              /*确认修改*/
    {
        printf("要修改第几门课的成绩\n");
/*在屏幕上输出修改课程编号的询问*/
        scanf("%d",&j);                      /*接收修改课程的编号*/

        do                                   /*进入课程修改循环*/
        {
            printf("课程%d成绩",j);
```

```
                                     /＊提示当前修改的是第几门功课成绩＊/
     scanf("%d",&stuArray[i]->score[j-1]);
                                     /＊接收新的成绩＊/
               if((stuArray[i]->score[j-1]>100) || (stuArray[i]->score[j-1]<0))
/＊输入的成绩是否在要求范围内＊/
               {
                    printf("错误数据,请重新输入\n");
                                     /＊在屏幕上输出提示用户输入的分数有误＊/
               }
          }while((stuArray[i]->score[j-1]>100) || (stuArray[i]->score[j-1]<0));
/＊输入的成绩是否在要求范围内＊/

          printf("还要继续修改此记录的成绩吗?Y or N!\n");
/＊在屏幕上输出是否继续修改的询问＊/
          scanf("%c",&c);              /＊接收确认指令＊/
          if((c=='Y') || (c=='y'))     /＊确认修改＊/
          {
               m=1;                    /＊修改状态标志为1确认修改＊/
          }
          else                         /＊不修改＊/
          {
               break;                  /＊跳出确认修改循环＊/
          }

          for(j=0; j<MAXSUB; j++)       /＊对当前学生每门功课进行循环＊/
          {
               sum+=stuArray[i]->score[j];
/＊临时统计当前学生总成绩＊/
          }
          stuArray[i]->average=sum/MAXSUB;
/＊算出当前学生的平均成绩＊/
     }

     return stuArray[i];              /＊返回修改后的学生记录＊/
}
```

9.3.5 数据查询的实现

数据查询菜单中包含3个子菜单项:学号查询、姓名查询和返回主菜单。该功能模块实现了记录的查询操作,其中包括按学号查询和按姓名查询,界面如图9-8所示。查询界面功能的代码在 searchmenu()函数可找到。

1. 学号查询

学号查询是以学号作为关键字来查找学生记录。系统先提示用户输入要查询的学

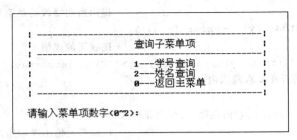

图 9-8　数据查询子菜单界面

号,如果查找成功,则显示相关记录信息,如图 9-9 所示;如果查找失败,系统不显示任何
信息。

```
请输入菜单项数字<0~2>:1

请输入要查询学生的学号：20080101

存在要查询的学生记录!
*****************这是要查询的记录吗?*******************************
 学号 ┆ 姓名      ┆ 成绩1 ┆ 成绩2 ┆ 成绩3 ┆ 成绩4 ┆ 总分 ┆ 平均分 ┆
┆-------┆----------┆------┆------┆------┆------┆------┆------┆
┆20080101 ┆张三         ┆      ┆  80┆  100┆  65┆  70┆290.00┆ 72.50┆

*****************************************************************
```

图 9-9　学号查询界面

要点解析

学号查询功能的实现是由 no_search()函数完成的。

程序与注释

```
/****************************************************
 * Function Name : * no_search                     *
 * Description : 按学号查询                          *
 * Date : 07/04/10                                 *
 * parameter : * stuArray[MAXNUM]                  *
 * Author : wangyanan                              *
 ****************************************************/

student * no_search(student * stuArray[])
{
    int i=0;                                /*学生记录行号*/
    char s[11];                             /*学号*/

    printf("\n 请输入要查询学生的学号：");
/*在屏幕上输出提示输入学号*/
    scanf("%s",&s);                         /*接收输入的学号*/
    for(i=0; i<MAXNUM&&stuArray[i] !=NULL; i++)
```

```
/*对学生信息数组中的每条学生记录进行循环*/
    {
            if(strncmp(stuArray[i]->no,s,11)==0)
/*学生信息数组中是否存在与用户输入的学号相同的学生*/
            {
                    printf("\n存在要查询的学生记录!");
/*找到了与指定学号相同的学生*/
                    break;                              /*跳出循环,不再查找*/
            }
    }

    if((i==MAXNUM) || (stuArray[i]==NULL))
/*是否找遍数组中的所有记录*/
    {
            printf("\n不存在要查询的学生记录!");  /*没有找到指定学号的学生*/
            return;                                     /*返回菜单选择界面*/
    }

    /*--------------输出查询的学生信息开始---------------*/
    printf("\n*****************这是要查询的记录吗?
*****************************");
    printf("|学号 |   姓名   |成绩1|成绩2|成绩3|成绩4|总分|平均分 |\n");
    printf("|---- |------- |-----|-----|-----|------|----|----- |\n");
    printf("|%-10s|%-15s|%7d|%7d|%7d|%7d|%7.2f|%7.2f|\n",
stuArray[i]->no,stuArray[i]->name,
    stuArray[i]->score[0],stuArray[i]->score[1],stuArray[i]->score[2],
stuArray[i]->score[3],
        stuArray[i]->sum,stuArray[i]->average);
/*输出找到的当前学生的信息*/
printf("\n*************************************************************
******");
    /*--------------输出查询的学生信息结束---------------*/

    return stuArray[i];                                 /*返回找到的学生记录*/
}
```

2. 姓名查询的实现

姓名查询是以姓名为关键字查找学生记录。选择菜单项后,系统提示输入要查询的学生姓名,如果姓名不存在,则显示没有该学生记录。如果存在学生记录,则显示当前的记录,如图9-10所示。

要点解析

该功能的实现是由 name_search 函数完成的。

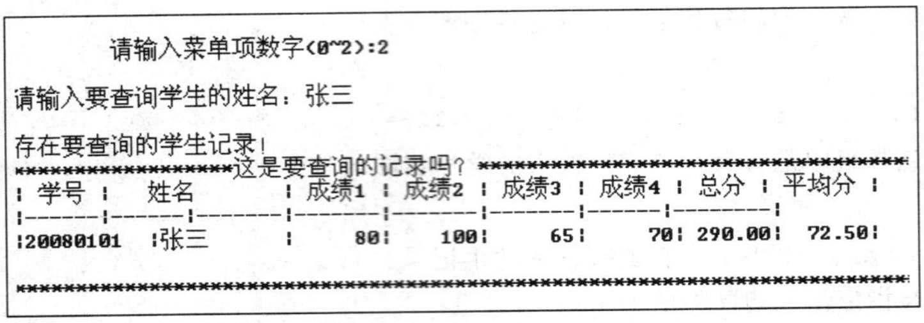

图 9-10　姓名查询界面

程序与注释

```
/***************************************************
* Function Name : * name_search                *
* Description : 按姓名查询                       *
* Date : 07/04/10                               *
* parameter : * stuArray[MAXNUM]                *
* Author : wangyanan                            *
***************************************************/

student * name_search(student * stuArray[])
{
    int i=0;                                /* 学生记录行号 */
    char s[15];                             /* 学号 */

    printf("\n 请输入要查询学生的姓名：");
/* 在屏幕上输出提示输入姓名 */
    scanf("%s",&s);                         /* 接收输入的姓名 */
    for(i=0; i<MAXNUM&&stuArray[i] !=NULL; i++)
/* 对学生信息数组中的每条学生记录进行循环 */
    {
        if(strncmp(stuArray[i]->name,s,15)==0)
/* 学生信息数组中是否存在与用户输入的姓名相同的学生 */
        {
            printf("\n 存在要查询的学生记录!");
/* 找到了与指定姓名相同的学生 */
            break;                          /* 跳出循环,不再查找 */
        }
    }


    if((i==MAXNUM) || (stuArray[i]==NULL))
/* 是否找遍数组中的所有记录 */
    {
        printf("\n 不存在要查询的学生记录!");
/* 没有找到指定学号的学生 */
        return;                             /* 返回菜单选择界面 */
    }
```

──────── C 语言程序设计案例教程(第 3 版)

```
/*---------------输出查询的学生信息开始---------------*/
printf("\n******************这是要查询的记录吗？
************************************");
printf("| 学号  |  姓名   | 成绩1 | 成绩2 | 成绩3 | 成绩4 | 总分 | 平均分 |\n");
printf("|----|-------|-----|-----|-----|------|----|-----|\n");
printf("|%-10s|%-10s|%7d|%7d|%7d|%7d|%7.2f|%7.2f|\n",stuArray[i]->no,
stuArray[i]->name,
    stuArray[i]->score[0],stuArray[i]->score[1],stuArray[i]->score[2],
stuArray[i]->score[3],
        stuArray[i]->sum,stuArray[i]->average);
                                            /*输出找到的学生的信息*/
printf("\n*********************************** **********
**********");
/*---------------输出查询的学生信息结束---------------*/

return stuArray[i];                         /*返回找到的学生记录*/
}
```

9.3.6 数据统计

数据统计功能模块可统计各个班级的人数，计算总分及平均分。图 9-11 所示的界面是录入 6 名同学的测试信息后执行数据统计功能出现的界面。

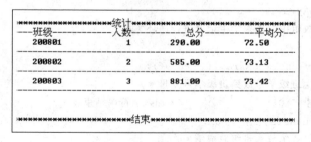

图 9-11 数据统计界面

要点解析

数据统计功能模块的实现是由 total() 函数完成的。该函数实现的关键代码在于分班统计。在系统中，学号采用八位编码，前六位表示班级，后两位表示学生序号，当然这与实际的学号编码有差别，感兴趣的同学可结合所在学校的学号编码规则修改程序，使其更加适用。在 total() 函数中，比较学号字符串的前 6 位即可区分班级，如果前六位相同则表示属于同一个班级，这里使用 strncmp 函数来实现。

程序与注释

```
/***********************************************
* Function Name : total                        *
```

```
 * Description : 数据统计                              *
 * Date : 07/04/10                                    *
 * parameter : * stuArray[MAXNUM]                      *
 * Author : wangyanan                                  *
 ****************************************************/

void total(student * stuArray[])
{

    int i=0;                    /* 学生记录行号 */
    int j=0;                    /* 功课号 */
    int k=0;                    /* 班级学生数 */
    float sum ;                 /* 班级总成绩 */
    float average ;             /* 班级平均分 */
    char sno[7];                /* 班级学号 */
    char qno[7];                /* 班级学号 */

    printf("\n\n*********************统计
*********************************\n");
/* 在屏幕上输出统计表头间隔符 */
    printf("------班级--------人数--------总分--------平均分----\n");
/* 在屏幕上输出统计表格式提示 */
    while(stuArray[i]!=NULL)
/* 对学生信息数组中的每条学生记录进行循环 */
    {
        memcpy(sno,stuArray[i]->no,6);
/* 截取当前学生班级学号放到班级学号变量 */
        sno[6]='\0';                /* 加入字符串结束符 */
        sum=stuArray[i]->sum;
/* 将当前学生总成绩放入班级总成绩 */
        average=stuArray[i]->average;
/* 将当前学生平均成绩放入班级平均成绩 */
        k=1;                        /* 记录班级学生数 */
        j=i+1;
/* 从学生信息数组中的第 i+1 条学生记录循环到最后一条记录 */
        while(stuArray[j]!=NULL)
        {
            memcpy(qno,stuArray[j]->no,6);
/* 截取当前学生班级学号放到班级学号变量 */
            qno[6]='\0';                /* 加入字符串结束符 */
            if(strncmp(qno,sno,6)==0)
/* 比较两个学生是否同一班级 */
```

```
            {
                sum+=stuArray[j]->sum;
/*将当前学生成绩加入本班总成绩*/
                average+=stuArray[j]->average;
/*将当前学生平均成绩加入本班平均成绩*/
                k++;                    /*统计班级学生数*/
                j++;
            }
            else                        /*不是同一班级*/
            {
                break;                  /*跳出 for 循环,结束当前统计*/
            }
        }

    printf("%12s%14d%14.2f%14.2f\n",sno,k,sum,average/k);
/*在屏幕上输出统计信息*/
    printf("--------------------------------------------------\n");
/*对每行统计信息用间隔符进行间隔*/
        if(stuArray[i]==NULL)     /*如果同一班级下条记录没有,则跳出循环*/
        {
            break;
        }
        else
        {
            i=j;                /*否则,将当前记录作为新的班级的第一条记录开始新的比较*/
        }
    }
    printf("\n\n****************************结束
****************************\n");
    /*在屏幕上输出统计表尾间隔符*/
}
```

数据统计完毕后,会出现如图 9-14 所示的界面,之后系统自动返回上级菜单。

9.3.7　数据导出的实现

数据导出功能模块实现了数据显示和保存功能。录入学生信息后可选择该选项,会出现如图 9-12 所示的界面。

要点解析

数据导出功能的实现是由 output()函数和 save()函数共同完成的。output()用于显示学生信息,save()函数主要负责将内存中的学生信息保存到系统当前路径的一个名为 stu_list.dat 的文件中。

```
*********************************************************
| 学号    姓名       | 成绩1 成绩2 成绩3 成绩4 | 总分 | 平均分 |
|------ ------|------|------|------|------|------|------|
|20080302 |cherry      |    55|    44|    66|    77| 242.00| 60.50|

*********************************************************

*********************************************************
| 学号    姓名       | 成绩1 成绩2 成绩3 成绩4 | 总分 | 平均分 |
|------ ------|------|------|------|------|------|------|
|20080303 |旺财      |    69|    86|    74|    80| 309.00| 77.25|

*********************************************************

保存成功!
```

图 9-12 数据导出界面

程序与注释

```c
/*********************************************
 * Function Name : output                    *
 * Description : 数据输出                      *
 * Date : 07/04/10                           *
 * parameter : * stuArray[MAXNUM]             *
 * Author : wangyanan                         *
 *********************************************/
void output(student * stuArray[])
{
    int i;

    for(i=0; i<MAXNUM&&stuArray[i] !=NULL; i++)
/* 依次输出学生信息数组中每名学生信息 */
    {
        /* ---------------输出学生信息记录界面开始--------------- */
printf("\n*********************************************************
************************");
    printf("| 学号 |  姓名    |成绩 1 |成绩 2 |成绩 3 |成绩 4 |总分 |平均分 |\n");
    printf("|----|-------|-----|-----|-----|------|----|-----|\n");
    printf("|%-10s|%-10s|%7d|%7d|%7d|%7d|%7.2f|%7.2f|\n",stuArray[i]->no,
stuArray[i]->name,
            stuArray[i]->score[0],stuArray[i]->score[1],stuArray[i]->score[2],
stuArray[i]->score[3],
            stuArray[i]->sum,stuArray[i]->average);
    /* 输出数组中当前学生的信息 */
        printf("\n*********************************************************
********************");
        /* ---------------输出学生信息记录界面结束--------------- */
    }
    printf("\n");
```

```
    }

    /**********************************************
    * Function Name : save                        *
    * Description : 数据保存                        *
    * Date : 07/04/10                              *
    * parameter : * stuArray[MAXNUM]               *
    * Author : wangyanan                           *
    **********************************************/

    void save(student * stuArray[])
    {
        int i;                                    /* 记录的行号 */

        FILE * fp;                                /* 创建文件指针 */

        if((fp=fopen("stu_list.dat","wb"))==NULL)
                                                  /* 打开 stu_list 文件,不存在则退出 */

        {
            printf("文件保存出错\n");
            return;
        }

        for(i=0;i<MAXNUM&&stuArray[i]!=NULL;i++)
        {
            if(fwrite(stuArray[i],sizeof(student),1,fp)!=1)
            /* 将学生记录的信息写入 fp 指向的文件中 */
            printf("文件保存出错!\n");
        }
        fclose(fp);                               /* 关闭文件 */
    }
```

9.3.8 数据导入

数据导入功能模块实现了数据读取的功能,即可以从先前保存的文件中读取信息,成功读入后会在屏幕上显示数据导入成功。

要点解析

数据导入功能的实现是由 load() 函数完成的。该函数主要负责将保存在 stu_list. dat 文件中的数据读入内存,主要由 fopen() 和 fread() 函数来完成文件操作。需要注意的是文件操作结束后及时关闭文件。

程序与注释

```
/*************************************************
 * Function Name : load                         *
 * Description : 数据导入                         *
 * Date : 07/04/10                               *
 * parameter : * stuArray[MAXNUM]                *
 * Author : wangyanan                            *
 *************************************************/

void load(student * stuArray[])
{
    FILE * fp;                    /*创建文件指针*/
    int i;

    if((fp=fopen("stu_list.dat","rb"))==NULL)
    /*打开 stu_list 文件,不存在则退出*/
    {
        printf("文件导入出错!\n");
        return;
    }

    for(i=0;i<MAXNUM && stuArray[i]!=NULL;i++)
    {
        fread(stuArray[i],sizeof(student),1,fp);
        /*将 fp 指向的文件中的数据读入并保存在 stuArray 数组中*/
    }
    printf("导入成功!\n");

    fclose(fp);                   /*关闭文件*/
}
```

9.4 本章小结

成绩管理系统作为学习 C 语言的案例使用,有部分功能尚不够完整,该案例综合了 C 语言各知识点,有助于提高学生们的综合应用能力。

第 **10** 章　综合实训 2

综合实训1介绍了采用指针数组的方式来开发"学生成绩管理系统",这种方式对于内存空间的分配处理不够灵活,本章采用单链表的方式来完成同样的系统。请注意两种方式在编写代码和算法效率上的异同。

10.1　功能描述

"学生成绩管理系统"的功能介绍请参照9.1功能描述,本系统在此基础上新增了回收站管理、密码管理以及排序功能。

10.2　程序主界面设计

"学生成绩管理系统"运行后,首先出现"用户登录"界面,如图10-1,输入用户名、密码后,进入如图10-2所示的系统主界面,此时系统会首先载入文件保存的数据,然后根据读者输入的不同选项,进入不同的功能子菜单。

图 10-1　登录界面

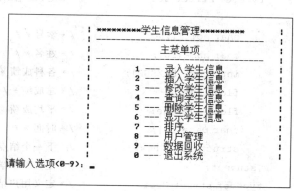

```
*********学生信息管理*********
------------------------------
              主菜单项
------------------------------
    1 --- 录入学生信息
    2 --- 插入学生信息
    3 --- 修改学生信息
    4 --- 查询学生信息
    5 --- 删除学生信息
    6 --- 显示学生信息
    7 --- 排序
    8 --- 用户管理
    9 --- 数据回收
    0 --- 退出系统
请输入选项<0-9>：_
```

图 10-2　主界面

10.3 功能项的详细设计

该程序由 3 个文件组成：head. h，main. c，function. c。

其中 head. h 为头文件，包含了编译预处理命令，main. c 实现了程序的主界面，各模块的具体实现代码在 function. c 文件中可以找到。

由于程序中设计到诸多函数和编译预处理命令，按照模块化程序设计的思想，将其全部放在 head. h 的头文件中。head. h 头文件代码如下：

程序与注释

```
/**********************************************
 * File Name : head.h                         *
 * Created : 12/11/8                          *
 * Author : wenhe                             *
 * Description : 此文件的职责为程序的头文件描述 *
 **********************************************/

#include<stdio.h>          /* 引入输入输出函数库 */
#include<stdlib.h>         /* 引入动态存储分配函数库 */
#include<windows.h>        /* 引入 Windows 下的 GDI 库进行绘图 */
#include<string.h>         /* 引入字符和字符串函数库 */
#include<time.h>           /* 引入时间函数库 */
#include<conio.h>          /* 引入输入输出函数库 */
#include<tchar.h>          /* 引入字符串宏库 */
#define MAXSUB 4           /* 定义最大功课数 */

typedef struct stu         /* 定义学生结构体 */
{
    char no[11];           /* 学号 */
    char name[20];         /* 姓名 */
    int score[MAXSUB];     /* 各科成绩 */
    float Sum;             /* 总成绩 */
    float average;         /* 平均成绩 */
    char Date[30];         /* 时间 */
    struct stu * next;     /* 下一个结点 */
}student;                  /* 定义一个学生结构体变量 student */
typedef struct User        /* 定义用户结构体 */
{
    char name[20];         /* 用户名 */
    char password[10];     /* 密码 */
```

```
        struct User * next;              /*下一个结点*/
    }user;                               /*定义一个用户结构体变量 user*/
    student * ReHead;                        /*定义回收站的头结点为全局变量*/
    user * UsHead;                           /*定义用户的头结点为全局变量*/
    char menu();                         /*菜单选择程序*/
    student * Init();                        /*初始化学生结构体和回收站头结点*/
    user * InitUser();                       /*初始化用户头结点*/
    student * Import(student * head);    /*录入信息*/
    void output(student * head);         /*输入信息*/
    void Find(student * head);           /*查找*/
    char FindMenu();                     /*插入和查找的选项*/
    void Export(student * Pointer);      /*输出单条信息*/
    void Dig(student * head);            /*插入学生信息*/
    student * DigImport(student * head); /*录入单条学生信息*/
    void save(student * head);           /*保存信息*/
    student * loading(student * head);   /*插入学生信息*/
    student * Delet(student * head);     /*删除学生信息*/
    void Revise(student * head);         /*修改学生信息*/
    student * Recover(student * head);   /*回收站操作*/
    student * Sort(student * head);      /*排序*/
    void CreatUser();                    /*创建用户*/
    user * log_in();                     /*登录*/
    void UpdatePassword(user * acuser);  /*更改密码*/
    user * DeletUser(user * acuser);     /*删除用户*/
    user * User(user * acuser);          /*用户管理*/
```

以后各功能模块的函数实现,都需要用到此文件中的内容。

下面将详细分析各模块的函数实现。

10.3.1　主界面的实现

要点解析

主界面如图 10-2 所示,该界面的实现实际上是一个多分支选择结构,详细解释可以参考第 9 章 9.3.1 节主界面的实现,本章不再赘述。

10.3.2　初始化

进入菜单第一个函数是初始化函数,主要功能是为 head_U 分配空间。

要点解析

初始化功能由 Init()函数和 InitUser()函数构成,目的是创建一条带头结点的单链表。

程序与注释

```
/***************************************************
 * Function Name : Init InitUser                   *
 * Description : 初始化                             *
 * Date : 12/11/08                                 *
 * parameter :                                     *
 * Author : wenhe                                  *
 ***************************************************/

student * Init()
{
    student * Head;                    /* 创建学生头结点 */
    Head= (student * )malloc(sizeof(student));    /* 为头结点分配空间 */
    Head->next=NULL;                   /* 将头结点的地址域赋为 NULL */
    return Head;                       /* 返回头结点 */
}
user * InitUser()
{
    user * Head;                       /* 创建用户头结点 */
    Head= (user * )malloc(sizeof(user));    /* 为头结点分配空间 */
    Head->next=NULL;                   /* 将头结点的地址域赋为 NULL */
    return Head;                       /* 返回头结点 */
}
```

10.3.3 数据录入

　　系统初始化之后,就可以进行数据的录入操作了。每个学生的信息包括:学号、姓名、4 门课的成绩、总分和平均分。为了修改方便,将头文件 student.h 中的 MAXSUB 定义为常量。对于数据的录入,为了避免用户误操作,系统提供了必要的提示信息。本章在第 9 章的基础上,增加了学号不能重复的验证。验证过程如图 10-3～图 10-5 所示。

图 10-3　成绩录入无效的提示界面

图 10-4 输入 0 时的录入结束界面

图 10-5 输入已存在学号的提示界面

要点解析

数据录入功能是由 Import( ) 函数来实现的,首先创建一个结点来存储录入的学生基本信息,并求出 4 门成绩的总分和平均分,然后将这个结点连接在单链表的尾部。

```
student * Import(student * head)
{

    student * New;
    student * Pointer;
    student * check;
    int i=1;
    /*定义变量保存数据*/

    time_t rawtime;
    struct tm * timeinfo;              /*定义时间结构体*/
    time ( &rawtime );                 /*获取时间*/
    timeinfo=localtime ( &rawtime );   /*转化为当前时间*/

    Pointer=head;
    while(Pointer->next!=NULL)
        Pointer=Pointer->next;
    /*上面的 while 循环是为了让指针指向最后一个结点*/

    check=head->next;         /*让 check 指针指向第一个结点,为了检查学号是否重复*/
    while(1)
    {
        printf("------ * 输入 0 退出 * ------\n");
        New=(student * )malloc(sizeof(student));
        New->Sum=0;
        printf("请输入学号: ");
        fflush(stdin);
        gets(New->no);
        while(check!=NULL)
        {
```

```
        while(atoi(New->no)<0)
        {
                MessageBox(NULL,_T("学号不为负或为空!"),_T("提示窗口"),MB_
                ICONWARNING);
                    printf("请输入学号: ");
                    fflush(stdin);
                    gets(New->no);
        }
        if(strcmp(New->no,check->no)==0)
        {
                MessageBox(NULL,_T("学号重复!"),_T("提示窗口¨2"),MB_
                ICONWARNING);
                putchar('\n');
                printf("请输入学号: ");
                fflush(stdin);
                gets(New->no);
                check=head->next;
                continue;
        }
        check=check->next;
    }
/*以上是为了检查输入的学号的有效性*/

    if(!strcmp(New->no,"0"))
    {
        free(New);
        break;
    }
/*检查用户是否选择退出*/

    fflush(stdin);
    putchar('\n');
    printf("请输入姓名: ");
    gets(New->name);
    putchar('\n');
    do{
            printf("请输入第%d门成绩: ",i);
            scanf("%d",&New->score[i-1]);
            while(New->score[i-1]<0&&New->score[i-1]>100)
            {
        MessageBox(NULL,_T("成绩非负!请重新输入"),_T("提示窗口"),MB_
        ICONWARNING);
                    putchar('\n');
                    printf("请输入第%d门成|绩: ",i);
```

```
                    scanf("%d",&New->score[i-1]);
            }
            i++;
        }while(i<=MAXSUB);
        for(i=0;i<MAXSUB;i++)
            New->Sum+=New->score[i];
        New->average=New->Sum/MAXSUB;
        strcpy(New->Date,asctime (timeinfo));
        /* 以上为录入学生信息 */


        New->next=NULL;
        Pointer->next=New;
        Pointer=New;
        i=1;
        check=head;
    /* 以上为将新的结点连接到最后一个结点后 */
      }
    return head;
    /* 返回头结点 */


}
```

10.3.4　插入学生信息

此功能可以满足继续追加学生信息的需求,并按照用户期望插入的位置存放数据。

要点解析

插入的时候需要先找到插入位置的前一个结点,然后将新的结点插入到链表中。

程序与注释

```
/***********************************************
 * Function Name : Dig                         *
 * Description : 插入信息                        *
 * Date : 12/11/08                             *
 * parameter :head                             *
 * Author : wenhe                              *
 ***********************************************/


void Dig(student * head)
{
    char choice;
    int n=0;
    int i,j=0;
    student * Pointer;
```

```
    student * New;
    Pointer=head;
    while(Pointer)
    {
        n++;
        Pointer=Pointer->next;
    }
    /*确定有几个结点*/

    Pointer=head;
    printf("请输入插入的位置");
    scanf("%d",&i);
    while(i>n||i<1)
    {
        MessageBox(NULL,_T("Error已超过范围"),_T("提示窗口"),MB_ICONERROR);
        printf("请输入你要插入的位置:);
        scanf("%d",&i);
    }
    /*确保插入位置的合法性*/

    while((i-1)!=j)
    {
        j++;
        Pointer=Pointer->next;
    }
    /*将指针移到要插入位置的前一个结点*/

    New=DigImport(head);
    /*调用录入掉条数据的自定义函数*/

    New->next=Pointer->next;
    Pointer->next=New;
    /*将新的结点连接到要插入位置的前一个结点后*/

    output(head);
}
student * DigImport(student * head)
{
    student * New;
    student * check;
    int i=1;

    time_t rawtime;
    struct tm * timeinfo;
    time ( &rawtime );
    timeinfo=localtime ( &rawtime );
```

```
check=head->next;
New= (student * )malloc(sizeof(student));
New->Sum=0;
printf("请输入学号: ");
fflush(stdin);
gets(New->no);
while(check!=NULL)
{
    while(atoi(New->no)<0)
    {
        MessageBox (NULL, _T ("学号不为负或为空!"),_T("提示窗口"),MB_
        ICONWARNING);
        printf("请输入学号: ");
        fflush(stdin);
        gets(New->no);
    }
    if(strcmp(New->no,check->no)==0)
    {
        MessageBox(NULL,_T("学号重复!"),_T("提示窗口"),MB_ICONWARNING);
        putchar('\n');
        printf("请输入学号: ");
        fflush(stdin);
        gets(New->no);
        check=head->next;
        continue;
    }
    check=check->next;
}
fflush(stdin);
putchar('\n');
printf("请输入姓名: ");
gets(New->name);
putchar('\n');
do{
        printf("请输入第%d门成绩: ",i);
        scanf("%d",&New->score[i-1]);
        while(New->score[i-1]<0&&New->score[i-1]>100)
        {
            MessageBox(NULL,_T("成绩非负!请重新输入"),_T("提示窗口"),MB_
            ICONWARNING);
            putchar('\n');
            printf("请输入第%d门成绩: ",i);
            scanf("%d",&New->score[i-1]);
        }
        i++;
}while(i<=MAXSUB);
```

```
    for(i=0;i<MAXSUB;i++)
        New->Sum+=New->score[i];
    New->average=New->Sum/MAXSUB;
    strcpy(New->Date,asctime (timeinfo));
    New->next=NULL;
    return New;
}
/*以上为录入单条数据*/
```

10.3.5 信息的修改

对于"学生成绩管理系统",修改学生信息是一个常见功能,当用户录入学号后,系统以学号作为关键字进行查找,如果查找成功,则会显示该学生记录,系统提示是否要修改,用户选择 y 确认后即可修改学生的成绩。如果查找失败,系统给出失败提示。系统修改记录的主界面如图 10-6 所示。

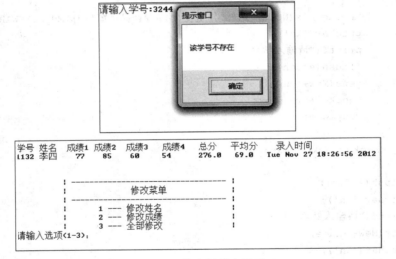

图 10-6 修改记录主界面

要点解析

先根据学号找到要修改的学生结点,然后对这个结点的数据域重新赋值。

程序与注释

```
/******************************************************
* Function Name : Revise                            *
* Description : 数据修改                              *
* Date : 12/11/08                                   *
* parameter :head                                   *
* Author : wenhe                                    *
******************************************************/
```

C 语言程序设计案例教程(第 3 版)

```
void Revise(student * head)
{
    char choice;
    char Revise_id[10];
    int i,j=1;
    student * Pointer;
    printf("请输入学号:");
    scanf("%s",Revise_id);

    /*查找学号是否存在*/
    ……/*这部分代码请参考10.3.7Find()函数*/

    printf("\n ");
    printf("      |------------------------------------|  \n");
    printf("      |              修改菜单              |  \n");
    printf("      |------------------------------------|  \n");
    printf("      |      1---修改姓名                  |  \n");
    printf("      |      2---修改成绩                  |  \n");
    printf("      |      3---全部修改                  |  \n");

    do{
            printf("请输入选项?(1-3)：");
            fflush(stdin);
            scanf("%c",&choice);
    }while(choice>'3'||choice<'1');

    switch(choice)
    {
        case '1':
            printf("请输入学生姓名:");
            fflush(stdin);
            gets(Pointer->name);
            break;
        case '2':
            do{
                printf("你要修改第几科成绩:");
                scanf("%d",&i);
            }while(i<=0&&i>MAXSUB);
            scanf("%d",&Pointer->score[i-1]);
            break;
        case '3':
            printf("请输入学生姓名:");
            fflush(stdin);
            gets(Pointer->name);
```

```
        do{
            printf("请输入第%d门成绩: ",j);
            scanf("%d",&Pointer->score[j-1]);
            while(Pointer->score[j-1]<=0)
            {

        MessageBox(NULL,_T("成绩非负!请重新输入"),_T("提示窗口"),MB_
        ICONWARNING);
                putchar('\n');
                printf("请输入第%d门成绩: ",j);
                scanf("%d",&Pointer->score[j-1]);
            }
            j++;
        }while(j<=MAXSUB);
        break;
    }
    printf("修改成功,修改后的内容如下\n");
    Export(Pointer);

}
```

10.3.6 信息的查询

要点解析

先根据学号或姓名找到要查找的学生结点,然后打印出对应的值。

程序与注释

```
/************************************************
* Function Name : copy_paste()                  *
* Description : 数据保存                         *
* Date : 12/11/08                               *
* parameter :                                   *
* Author : wenhe                                *
*************************************************/
void Find(student * head)
{
    char Find_id[10];
    char Find_name[20];
    char choice;
    int i=0;
    student * Pointer;
    choice=FindMenu();
    Pointer=head->next;
    if(Pointer)
```

```
{
    switch(choice)
    {
        case '1':
            printf("请输入要查找的学号:");
            scanf("%s",Find_id);
            /*判断查找学号是否存在*/
            while(1)
            {
                if(!Pointer)
                {
                    MessageBox(NULL,_T("该学号不存在"),_T("提示窗口"),MB_
                    ICONWARNING);
                    printf("输入0退出\n");
                    printf("请输入学号:");
                    fflush(stdin);
                    scanf("%s",Find_id);
                    if(!strcmp(Find_id,"0"))
                        break;
                    else
                        Pointer=head->next;
                }
                if(!strcmp(Pointer->no,Find_id))
                {
                    Export(Pointer);
                    break;
                }
                Pointer=Pointer->next;
            }
                break;

        case '2':
            printf("请输入姓名?:");
            scanf("%s",Find_name);
            /*查找到一条名字相同的数据就显示*/
            while(1)
            {
                if(Pointer==NULL&&i==0)
                {
                    MessageBox(NULL,_T("该员工不存在¨2"),_T("提示窗口"),
                    MB_ICONWARNING);
                    printf("输入0退出查找\n");
                    printf("请输入名字:");
                    fflush(stdin);
                    scanf("%s",Find_name);
                    if(!strcmp(Find_name,"0"))
```

```
                          break;
                else
                    Pointer=head->next;
            }
            if(Pointer==NULL)
                break;
            if(!strcmp(Pointer->name,Find_name))
            {
                i++;
                Export(Pointer);
            }

            Pointer=Pointer->next;
        }
        break;
        }
    }
    else
        MessageBox(NULL,_T("无信息!请先录入!"),_T("提示窗口"),MB_
        ICONWARNING);
}
char FindMenu()
{
    char choice;
    printf("          |     1---按学号          |          \n");
    printf("          |     2---按姓名          |          \n");
    fflush(stdin);
    printf("请输入选项(1-2): ");
    scanf("%c",&choice);
    while(choice>'2'||choice<'1')
    {
        fflush(stdin);
        printf("请输入选项?(1-2): ");
        scanf("%c",&choice);
    }
    return choice;
}
        /*查找菜单*/
```

10.3.7   信息的删除

要点解析

根据学号或姓名将指针 Pointer 移到要查找的结点的前一个结点,将 Pointer 的指针域赋值为要查找结点的指针域,将删除的结点放入回收站

程序与注释

```
/****************************************************
 * Function Name : copy_paste()                     *
 * Description : 数据保存                            *
 * Date : 12/11/08                                   *
 * parameter :                                       *
 * Author : wenhe                                    *
 ****************************************************/
student * Delet(student * head)
{
    char choice;
    char judge;
    student * Pointer, * k[10], * RePointer;
    char delet_id[10],delet_name[10];
    int i=0,j;
    choice=FindMenu();
    Pointer=head;
    if(!Pointer->next)
    {
        MessageBox(NULL,_T("无数据!"),_T("提示窗口"),0);
        return head;
    }
    /*判断是否有数据*/
    RePointer=ReHead;
    switch(choice)
    {
        case '1':
            printf("请输入要删除的学号:");
            scanf("%s",delet_id);
            /*查找用户输入的学号是否存在,如果存在显示信息,如果不存在提示用户重新输
            入*/
            while(1)
            {
                if(!Pointer->next)
                {
                    MessageBox(NULL,_T("该学号不存在"),_T("提示窗口"),0);
                    printf("输入 0 退出删除 y\n");
                    printf("请输入要删除的学号:");
                    fflush(stdin);
                    scanf("%s",delet_id);
                    if(!strcmp(delet_id,"0"))
                        return head;
                    else
```

```
                Pointer=head;
        }
    if(!strcmp(Pointer->next->no,delet_id))
    {
        Export(Pointer->next);
        do{
            printf("是否确认删除以上信息<Y/N>:");
            fflush(stdin);
            scanf("%c",&judge);
        }while(judge!='Y'&&judge!='y'&&judge!='n'&&judge!='N');

        if(judge=='y'||judge=='Y')
            system("cls");
            printf("    ----------删除后信息----------\n");
            while(RePointer->next!=NULL)
                RePointer=RePointer->next;
            RePointer->next=Pointer->next;
            Pointer->next=Pointer->next->next;
            RePointer->next->next=NULL;
            output(head);
            Pointer=head;

            /* Pointer 的指针域赋值为要查找结点的指针域,将删除的结点放
            入回收站 */
            if(!Pointer->next)
                {
                    printf("无数据!");
                    return head;
                }

            /* 判断是否还有数据 */
            printf("输入 0 退出删除\n");
            printf("请输入要删除的学号:");
            fflush(stdin);
            scanf("%s",delet_id);
        if(!strcmp(delet_id,"0"))
            return head;
        continue;
    }
    }
    Pointer=Pointer->next;
}
break;
case '2':
```

```
printf("请输入你要删除的人的姓名:");
scanf("%s",delet_name);
while(1)
{
    if(!Pointer->next&&(i==0))
    {
        MessageBox(NULL,_T("该学生不存在"),_T("提示窗口"),0);
        printf("输入 0 退出查找\n");
        printf("请输入要查找的名字:");
        fflush(stdin);
        scanf("%s",delet_name);
        if(!strcmp(delet_name,"0"))
            return head;
        else
            Pointer=head;
    }
    if(!Pointer->next&&i!=0)
    {

        do{
            printf("您要删除第几条数据:");
            scanf("%d",&j);
            putchar('\n');
        }while(j>i||j<=0);

        system("cls");
        printf("     ------------删除后信息------------\n");
        while(RePointer->next!=NULL)
            RePointer=RePointer->next;
        RePointer->next=k[j-1]->next;
        k[j-1]->next=k[j-1]->next->next;
        RePointer->next->next=NULL;
        output(head);
        Pointer=head;
        /*找到名字相同的就输入并不断记录结点地址*/
        if(!Pointer->next)
        {
            printf("无数据!");
            return head;
        }
        printf("输入 0 退出查找\n");
        printf("请输入要查找的名字:");
        fflush(stdin);
        scanf("%s",delet_name);
```

```
                i=0;
                continue;
            }
            if(!strcmp(Pointer->next->name,delet_name)) {
                Export(Pointer->next);
                k[i]=Pointer;
                i++;
            }
            Pointer=Pointer->next;
        }
        break;
    }
}
```

10.3.8　显示学生信息

要点解析

遍历整个链表,逐个输出每个结点的数据。

程序与注释

```
/***********************************************
* Function Name : output()                     *
* Description : 显示学生信息                     *
* Date : 12/11/08                              *
* parameter :head                             *
* Author : wenhe                               *
***********************************************/
void output(student * head)
{
    student * Pointer;
    Pointer=head->next;
    printf("学号姓名  成绩1成绩2  成绩3   成绩4   总分   平均分   录入时间");
    putchar('\n');
    while(Pointer!=NULL)
    {
        printf("%-5s",Pointer->no);
        printf("%-8s",Pointer->name); printf("%-6d%-6d%-7d%-8d",Pointer->
score[0],Pointer->score[1],Pointer->score[2],Pointer->score[3]);
        printf("%-7.1f",Pointer->Sum);
        printf(" %-7.1f",Pointer->average);
        printf("%-7s",Pointer->Date);
        putchar('\n');
        Pointer=Pointer->next;
```

```
        }
    }
```

10.3.9　排序

要点解析

本系统可以对学号、姓名和成绩进行排序。采用的排序方法为冒泡排序,即将各结点数据从头到尾依次比较相邻的两个结点数据是否逆序(与欲排顺序相反),若逆序就交换这两个结点,经过第一轮比较排序后即可把最大(或最小)的结点排好,然后再用同样的方法把剩下的结点数据逐个进行比较,就得到了有序的序列。可以看出如果有 n 个元素,那么一共要进行 n−1 轮比较,第 i 轮要进行 j＝n−i 次比较。若在某一趟排序中未发现有结点的交换,则说明待排序的元素结点已经有序,因此,冒泡排序过程可在此趟排序后终止。

程序与注释

```
/*************************************************
 * Function Name : Sort()                        *
 * Description : 排序                             *
 * Date : 12/11/08                                *
 * parameter :head                               *
 * Author : wenhe                                 *
 *************************************************/
student * Sort(student * head)
{
    student * Pointer_F,* Pointer_R,* temp;
    int i,j,n=0,course;
    char choice;
    int exchange;
    temp=(student * )malloc(sizeof(student));
    Pointer_F=head;
    Pointer_R=head->next;
    if(Pointer_R->next==NULL)
    {
        printf("只有一人无须排序");
        return head;
    }
/*判断是否只有一个结点,如果只有一个结点就无须排序 */
    printf("           \t|    1---单科成绩      |        \n");
    printf("           \t|    2---总体成绩      |        \n");
    printf("           \t|    3---平均成绩      |        \n");
    printf("           \t|    4---按学号        |        \n");
    printf("           \t|    5---按姓名        |        \n");
```

```
printf("        \t|    0 ---退出                |            \n");
do{
printf("请输入要排序的内容：");
fflush(stdin);
scanf("%c",&choice);
}while(choice>'5'||choice<'0');

while(Pointer_R!=NULL)
{
    n++;
    Pointer_R=Pointer_R->next;
}
/*数出一共有几个结点*/
Pointer_R=head->next;                        /*将指针 Pointer_R 重新指向第一个结点*/
switch(choice)
{
case '1':
    do{
        printf("你要按第几科成绩排序:");
        scanf("%d",&course);
    }while(course>MAXSUB&&course<=0);
/*记录用户要排序第几个科目成绩*/
    for(i=0;i<n-1;i++)
    {
    exchange=0;
    for(j=0;j<n-1-i;j++)
    {
        if(Pointer_F->next->score[course-1]<Pointer_R->next->score
        [course-1])
        {
            Pointer_F->next=Pointer_R->next;
            Pointer_R->next=Pointer_R->next->next;
            Pointer_F->next->next=Pointer_R;
            Pointer_R=Pointer_F->next;
            exchange=1;
        }
    /*次 if 循环功能为：如果前一个结点值比后一个结点值小，则交换 2 个结点，注
    意指针都是指向要交换结点的前一个结点*/
        Pointer_F=Pointer_F->next;
        Pointer_R=Pointer_R->next;
    /*将指针移到下一个结点*/
    }
    if(exchange==0)
        break;
```

```
/*如果一趟排序完成后都没有结点交换则说明链表已经有序,则退出 switch */
        Pointer_F=head;
        Pointer_R=head->next;
/*将指针 Pointer_F 重新指向第一个结点,Pointer_R 指向 Pointer_F 指向的结点的下
一个结点*/
    }
    break;
case '2':
    for(i=0;i<n-1;i++)
    {
        exchange=0;
        for(j=0;j<n-1-i;j++)
        {
            if(Pointer_F->next->Sum<Pointer_R->next->Sum)
            {
                Pointer_F->next=Pointer_R->next;
                Pointer_R->next=Pointer_R->next->next;
                Pointer_F->next->next=Pointer_R;
                Pointer_R=Pointer_F->next;
                exchange=1;
            }
            Pointer_F=Pointer_F->next;
            Pointer_R=Pointer_R->next;
        }
        if(exchange==0)
            break;
        Pointer_F=head;
        Pointer_R=head->next;
    }
    break;
case '3':
    for(i=0;i<n-1;i++)
    {
        exchange=0;
        for(j=0;j<n-1-i;j++)
        {
            if(Pointer_F->next->average<Pointer_R->next->average)
            {
                Pointer_F->next=Pointer_R->next;
                Pointer_R->next=Pointer_R->next->next;
                Pointer_F->next->next=Pointer_R;
                Pointer_R=Pointer_F->next;
                exchange=1;
            }
```

```
                    Pointer_F=Pointer_F->next;
                    Pointer_R=Pointer_R->next;
                }
                if(exchange==0)
                    break;
                Pointer_F=head;
                Pointer_R=head->next;
            }
            break;
        case '4':
            for(i=0;i<n-1;i++)
            {
                exchange=0;
                for(j=0;j<n-1-i;j++)
                {
                    if(strcmp(Pointer_F->next->no,Pointer_R->next->no)<0)
                    {
                        Pointer_F->next=Pointer_R->next;
                        Pointer_R->next=Pointer_R->next->next;
                        Pointer_F->next->next=Pointer_R;
                        Pointer_R=Pointer_F->next;
                        exchange=1;
                    }
                    Pointer_F=Pointer_F->next;
                    Pointer_R=Pointer_R->next;
                }
                if(exchange==0)
                    break;
                Pointer_F=head;
                Pointer_R=head->next;
            }
            break;
        case '5':
            for(i=0;i<n-1;i++)
            {
                exchange=0;
                for(j=0;j<n-1-i;j++)
                {
                    if(strcmp(Pointer_F->next->name,Pointer_R->next->name)<0)
                    {
                        Pointer_F->next=Pointer_R->next;
                        Pointer_R->next=Pointer_R->next->next;
                        Pointer_F->next->next=Pointer_R;
                        Pointer_R=Pointer_F->next;
```

```
                    exchange=1;
                }
                Pointer_F=Pointer_F->next;
                Pointer_R=Pointer_R->next;
            }
            if(exchange==0)
                break;
            Pointer_F=head;
            Pointer_R=head->next;
        }
        break;
    case '0':
        break;
    }
    output(head);
    return head;
}
```

10.3.10 数据回收

要点解析

数据回收操作主要包括还原数据、清空回收站的功能。对于数据还原就是将回收站要还原的数据结点重新连接到学生链表末尾,相当于插入结点到链表末尾,详细注解可以参考 10.3.5 学生信息的插入。而对于回收站清空就是将回收站链表的头结点指针域赋值为空。

程序与注释

```
/**********************************************
* Function Name : Recover(student * head)    *
* Description : 数据回收操作                   *
* Date : 12/11/08                             *
* parameter :head                             *
* Author : wenhe                              *
**********************************************/
student * Recover(student * head)
{
    char choice;
    int k,n=0,i;
    student * Pointer, * RePointer, * r;

    RePointer=ReHead;
    r=ReHead;
    Pointer=head;
```

```c
    if(!RePointer->next)
    {
        printf("无数据!");
        return head;
    }
/*判断回收站是否有数据可以进行操作*/
    output(ReHead);
    printf("           |     1---还原单条数据           |        \n");
    printf("           |     2---还原所有数据           |        \n");
    printf("           |     3---清空回收站             |        \n");
    printf("           |     0---返回主界面             |        \n");
    do{
        printf("请输入选项?(0-3): ");
        fflush(stdin);
        scanf("%c",&choice);
    }while(choice>'3'||choice<'0');


    switch(choice)
    {
    case '1':
        while(RePointer->next)
        {
            n++;
            RePointer=RePointer->next;
        }
        do{
            putchar('\n');
            printf("要恢复第几条数据");
            scanf("%d",&k);
        }while(k>n&&k<=0);
        RePointer=ReHead;
        for(i=1;i<k;i++)
        {
            RePointer=RePointer->next;
        }
        while(Pointer->next)
            Pointer=Pointer->next;
        Pointer->next=RePointer->next;
        RePointer->next=RePointer->next->next;
        Pointer->next->next=NULL;
        output(head);
        return head;
    case '2':
        while(Pointer->next)
```

```
                Pointer=Pointer->next;
            Pointer->next=RePointer->next;
            RePointer->next=NULL;
            output(head);
            return head;
        case '3':
            ReHead->next=NULL;
            MessageBox(NULL,_T("清理成功!"),_T("提示窗口"),0);
            return head;
        case '0':
            return head;
        }

    }
```

10.3.11　用户登录的实现

（1）用户的创建

要点解析

对于用户链表的创建和学生链表的创建相似,详细注解可以参看 10.3.4 节数据
录入。

程序与注释

```
/*************************************************
 * Function Name : CreatUser()                   *
 * Description :创建用户                          *
 * Date : 12/11/08                                *
 * parameter :                                    *
 * Author : wenhe                                 *
 *************************************************/

void CreatUser()
{
    user * pointer, * New;
    pointer=UsHead;
    while(pointer->next)
        pointer=pointer->next;
    New=(user * )malloc(sizeof(user));
    New->next=NULL;
    printf("请输入用户名:");
    fflush(stdin);
    gets(New->name);
    printf("请输入密码:");
```

```
        fflush(stdin);
        gets(New->password);
        pointer->next=New;
        printf("创建成功!");
}
```

(2) 删除用户

要点解析

首先查找要删除的用户结点,然后将其从用户链表中删除。

程序与注释

```
/***********************************************
 * Function Name : DeletUser(user * acuser)     *
 * Description :删除用户                         *
 * Date : 12/11/08                               *
 * parameter : acuser                            *
 * Author : wenhe                                *
 ***********************************************/
user * DeletUser(user * acuser)
{
    user * pointer;
    pointer=UsHead;
    if(!acuser)
    {
        MessageBox(NULL,_T("无用户!"),_T("提示窗口"),MB_ICONWARNING);
        return NULL;
    }
  /*判断是否存在用户*/
    while(pointer->next!=acuser)
        pointer=pointer->next;
    /*找到当前用户结点的前一个结点*/
    pointer->next=acuser->next;
    /*将当前用户前一个结点的指针域赋值为当前结点的指针域*/
    free(acuser);
  /*释放掉结点空间*/
    printf("删除成功!");
    return NULL;
    /*将当前用户指针 acuser 赋值为空*/
}
```

(3) 更改密码

要点解析

首先找到当前用户结点,将数据域中的密码信息重置。

程序与注释

```
/****************************************************
 * Function Name : UpdatePassword(user * acuser) *
 * Description :更改密码                          *
 * Date : 12/11/08                                *
 * parameter : acuser                             *
 * Author : wenhe                                 *
 ****************************************************/
void UpdatePassword(user * acuser)
{
    if(!acuser)
    {
        MessageBox(NULL,_T("无用户!"),_T("提示窗口"),MB_ICONWARNING);
        return;
    }
    /*判断是否有用户*/
    printf("请输入密码:");
    fflush(stdin);
    gets(acuser->password);
    /*对当前用户密码重新赋值*/
    printf("更改密码成功!");
}
```

(4) 登录界面

要点解析

首先遍历用户链表,将每一个结点的用户名和密码与输入的用户名和密码对比,如果相同则进入主界面,并返回当前用户结点地址,否则提示用户重新输入。

程序与注释

```
/****************************************************
 * Function Name : log_in()                       *
 * Description :更改密码                          *
 * Date : 12/11/08                                *
 * parameter : acuser                             *
 * Author : wenhe                                 *
 ****************************************************/
user * log_in()
{
    char name[20];
    char password[10];
    user * pointer;
    system("color F0");
    pointer=UsHead->next;
    if(!pointer)
        return NULL;
```

```c
    while(1)
    {
        system("cls");
        pointer=UsHead->next;
        printf("\n\n\t\t\t  请输入用户名:");
        fflush(stdin);
        gets(name);
        printf("\t\t\t  请输入密码:");
        fflush(stdin);
        gets(password);
        while(pointer)
        {
             if(!strcmp(name,pointer->name)&&!strcmp(password,pointer->
             password))
             {
                 MessageBox(NULL,_T("登录成功!"),_T("提示窗口"),MB_ICONWARNING);
                 Sleep(500);
                 break;
             }
             pointer=pointer->next;
         }
        /*判断输入的用户名密码是否匹配*/
        if(pointer&&!strcmp(name,pointer->name)&&!strcmp(password,pointer->
        password))
            break;
        /*相同则跳出,到主界面*/
        else
            MessageBox(NULL,_T("密码错误!"),_T("提示窗口"),MB_ICONWARNING);
        /*不同则提示用户密码错误*/
        putchar('\n');
    }
    return pointer;
        /*返回当前用户指针*/
}
```

10.3.12　文件保存

要点解析

首先遍历整个链表,读取每个结点的数据域,然后写入文件。

程序与注释

```c
/*************************************************
* Function Name : Save(student * head)          *
* Description : 文件保存                          *
```

```
 * Date : 12/11/08                                    *
 * parameter :head                                    *
 * Author : wenhe                                     *
 ****************************************************/
void save(student * head)
{

    FILE * fp,* fp_Re,* fp_user;
    /*定义文件指针*/
    student  * p,* Re_p;
    user * user_p;
    if((fp=fopen("SAVE","wb"))==NULL)
    {
        printf("can not open file\n");
    }
    if((fp_Re=fopen("SAVERecover","wb"))==NULL)
    {
        printf("can not open file\n");
    }
    /*以 wb 的方式打开文件,如果文件不存在则创建,存在则打开*/
    printf("\nSaving.....\n");
    Sleep(1000);
    p=head->next;
    Re_p=ReHead->next;
    user_p=UsHead->next;
    /*将个结构体指针指向第一个结点*/
    while(p!=NULL)
    {
        fwrite(p,sizeof(student),1,fp);
        p=p->next;
    }
    while(Re_p!=NULL)
    {
        fwrite(Re_p,sizeof(student),1,fp_Re);
        Re_p=Re_p->next;
    }
    if((fp_user=fopen("User","wb"))==NULL)
    {
        printf("can not open file\n");
    }
    while(user_p!=NULL)
    {
        fwrite(user_p,sizeof(user),1,fp_user);
        user_p=user_p->next;
```

```
        }
    /* 遍历链表保存每一个结点,每次向文件写入一条结构体信息 */
        fclose(fp);
        fclose(fp_Re);
        fclose(fp_user);
    /* 关闭文件指针 */
        MessageBox(NULL,_T("保存成功!"),_T("提示窗口"),0);
        Sleep(500);
    }
```

10.3.13 文件读取

要点解析

首先打开文件,每读取一条文件记录就创建一个对应的结点保存信息,然后采用创建单链表的方式逐个插入结点。

程序与注释

```
/***************************************************
 * Function Name : loading(student * head)        *
 * Description : 文件保存                          *
 * Date : 12/11/08                                 *
 * parameter :head                                 *
 * Author : wenhe                                  *
 ***************************************************/
student * loading(student * head)
{
    student * New, * p, * Re_p;
    user * New_U, * user_p;
    FILE * fp, * fp_Re, * fp_u;
    p=head;
    Re_p=ReHead;
    user_p=UsHead;
    /* 定义文件指针,和各种结构体指针,并让结构体指针指向头结点 */
    if((fp=fopen("SAVE","rb"))==NULL)
    {
        printf("can not open file\n");
        return head;
    }
    /* 打开文件,并将文件首地址赋给 fp */
    printf("Loading...........");
    Sleep(1000);
    while(!feof(fp))
    {
```

```
        New=(student *)malloc(sizeof(student));
/*为新的结点申请内存*/
        if(fread(New,sizeof(student),1,fp)!=1)
        break;
/*读取文件里的数据,每次读取一条结构体信息*/
        p->next=New;
        p=New;
/*将结点依次连接*/
    }
    if((fp_Re=fopen("SAVERecover","rb"))==NULL)
    {
        printf("can not open file\n");
        return head;
    }
    while(!feof(fp_Re))
    {
        New=(student *)malloc(sizeof(student)); if(fread(New,sizeof(student),
        1,fp_Re)!=1)
        break;
        Re_p->next=New;
        Re_p=New;
    }
    MessageBox(NULL,_T("读取成功!"),_T("提示窗口"),0);
    if((fp_u=fopen("User","rb"))==NULL)
    {
        printf("can not open file\n");
        return head;
    }

    while(!feof(fp_u))
    {
        New_U=(user *)malloc(sizeof(user));
        if(fread(New_U,sizeof(user),1,fp_u)!=1)
        break;
        user_p->next=New_U;
        user_p=New_U;
    }
    putchar('\n');
    Sleep(500);
    fclose(fp);
    fclose(fp_Re);
/*关闭文件指针*/
    return head;
}
```